书山有路勤为径，优质资源伴你行
注册世纪波学院会员，享精品图书增值服务

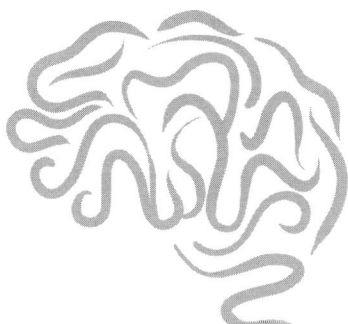

TEACH
YOURSELF TO THINK
Five Easy Steps to Direct, Productive Thinking

教会自己
如何思考
简单五步，引导创新性思维

[英] 爱德华·德博诺 著
（ Edward de Bono ）

高采平 译

电子工业出版社

Publishing House of Electronics Industry
北京·BEIJING

Teach Yourself to Think: Five Easy Steps to Direct, Productive Thinking by Edward de Bono

Copyright © 1995 IP Development Corporation created by Dr Edward de Bono

Reproduced with permission of de Bono Global Pty Ltd "www.debono.com"

Simplified Chinese translation copyright © 2018 by Publishing House of Electronics Industry.

本书中文简体字版经由 DE BONO GLOBAL PTY LTD 授权电子工业出版社独家出版发行。未经书面许可，不得以任何方式抄袭、复制或节录本书中的任何内容。

版权贸易合同登记号　图字：01-2018-2401

图书在版编目（CIP）数据

教会自己如何思考 / （英）爱德华·德博诺（Edward de Bono）著；高采平译. —北京：电子工业出版社，2018.5

书名原文：Teach Yourself to Think: Five Easy Steps to Direct, Productive Thinking

ISBN 978-7-121-34046-8

Ⅰ. ①教… Ⅱ. ①爱… ②高… Ⅲ. ①思维方法 Ⅳ. ①B804

中国版本图书馆 CIP 数据核字(2018)第 076279 号

策划编辑：晋　晶
责任编辑：袁桂春
印　　刷：三河市鑫金马印装有限公司
装　　订：三河市鑫金马印装有限公司
出版发行：电子工业出版社
　　　　　北京市海淀区万寿路 173 信箱　　邮编 100036
开　　本：880×1230　　1/32　　印张：8.75　　字数：151 千字
版　　次：2018 年 5 月第 1 版
印　　次：2022 年 1 月第 10 次印刷
定　　价：68.00 元

凡所购买电子工业出版社图书有缺损问题，请向购买书店调换。若书店售缺，请与本社发行部联系，联系及邮购电话：(010) 88254888，88258888。

质量投诉请发邮件至 zlts@phei.com.cn，盗版侵权举报请发邮件至 dbqq@phei.com.cn。

本书咨询联系方式：(010) 88254199，sjb@phei.com.cn。

为什么

我呼吸。我行走。我讲话。我思考。

我并不需要考虑这些事情，那我为什么要考虑思考呢？思考是自然而然的事。你在无意之中习得了这项技能。智者不需要学习如何思考。而其他人无论怎样努力，也无法学会思考。这种观点有什么问题？

因为……

因为思考是人类最基本的技能。

因为你的思考技能将决定你一生的幸福和成功。

因为你需要通过思考制订计划、采取行动、解决问题、创造机会并设计未来之路。

因为如果没有思考技能，你就像漂浮在河流上的软木，无法掌控自己的命运。

因为思考是有趣和愉快的过程——如果你能学会如何思考的话。

因为思考和智力是分离的。智力就像汽车的马达，而思考就像司机的驾驶技能。许多高智商的人是糟糕的思考者，他们陷入了"智力陷阱"。许多智力水平不太高的人却培养出了高超的思考技能。

因为思考是一项可以学习、练习和培养的技能。不过你需要有培养这项技能的愿望。你需要学习如何骑自行车或驾驶汽车。

因为传统的学校和大学教育只教授思考的一个方面。

情感和价值观

你可能相信情感和价值观是人生中最重要的东西。

你是对的。

所以思考如此重要。

思考的目的是帮助你实现你追求的价值观，就像自行车的存在是为了带你去你想去的地方。自行车能够节省体力，帮助你更快地抵达目的地，并让你走得更远。所以思考能让你更有效地享受你的价值观。

你被锁在一间小屋里。你急切地想出去。你想要自由。你的情感很强烈。什么更有用，是强烈的情感还是开门的钥匙？

只有情感而没有表达的途径是不好的，而只有钥匙却没有出去的愿望也是不好的。

我们需要价值观、情感和思考。情感无法代替思考。没有价值观的思考是漫无目的的。

本书是关于思考的。价值观和情感也同样重要，不过没有思考的人生是不完整的。

推荐序

　　说起学习"如何思考"这件事，刚开始我们可能不以为然："'思考'还需要学习吗？思考不就是我们与生俱来的一种能力吗？"可是当我们之后看到同样的事情、同样的问题、同样的资源，不同的人来思考、来解决、来使用，结果竟是如此大相径庭之时，我们不禁又会感慨："人家就是想得周全、想得深入啊！我当初怎么就没想到呢？"那么，差别到底在哪儿呢？我想，差别之一可能就是卓有成效的思考者，一直在运用各种行之有效的思考方法和工具。而我们，很多时候并不了解原来"思考"也是有工具和方法的，原来"思考"的能力也是可以通过学习来提高的。而这正是德博诺博士这本书带给我们的价值所在。

　　在本书中，德博诺博士提出了一个简单而有效的"五步思考法"。

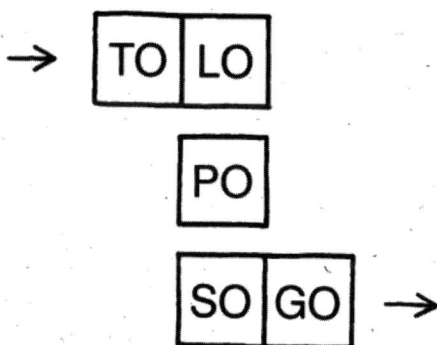

第一步 TO，表示我们在思考之初要确立清晰明确的思考目标或焦点。第二步 LO，表示要针对思考目标搜集可用的信息和我们需要的信息。第三步 PO，是可能性阶段，我们在这个阶段创建尽可能多的解决方案和备选方案，所以这一步是思考的生成阶段。第四步 SO，要在各种可能性中缩小选择范围、进行检查并做出总结和决定，这是思考的结果阶段。第五步 GO，是行动步骤的阶段。我们打算针对当前的情况采取什么行动？接下来做什么？我们将在思考之后做什么？这就是五步思考法。

有朋友在看了"五步思考法"之后会想："这五个步骤很简单，可是每一步我具体又该如何去思考呢？比如，TO 阶段我怎么能定义出明确聚焦的思考目标？我怎么知道我当下定出的目标是不是我真正想要的？再比如，LO 阶段我怎么收集信息？PO 阶段我如何跳出固有的思维去想到更多不一样的想法呢？SO 阶段我如何做选择？"好问题！

作为德博诺思想在中国大陆地区的传播者，我在多年对德博诺工具和方法的培训和分享过程中，最深有感触的一点就是，德博诺博士把不可见的思维可视化、步骤化和工具化。比如，《六项思考帽》就是把我们头脑里杂糅在一起的思维分离成六个不同的方面，而这六个方面分别用六顶不同颜色的帽子来表示，实现了思维的可视化。而思考是有顺序的，是发生在一个系统中的，德博诺博士又设计了六项思考帽的使用序列，从而实现了思维的步骤化。同时在每个步骤中，又都有相应的强有力工具的指引，从而实现思维的工具化。提升会议沟通质量和团队思考效率的《六项思考帽》如此可视化、步骤化和工具化，开发关键员工创新能力和促进研发新技术突破的《水平思考》也是这样，全面决策制定的《感知的力量》、业务流程改进的《简化》也是如此。同样，这本书中的"五步思考法"也是如此。而思考的可视化、步骤化和工具化，对于我们学习思考来说，最大的价值就是简单易学、实用有效。

思考，对我们来说到底有多重要呢？听听众多管理大师、心理学家和思想家是怎么说的吧！著名管理大师彼得·圣吉在《第五项修炼》中指出，打造学习型组织的第一项修炼就是系统思考。"系统思考是一个概念框架，一个知识体系，它的功能是让各类系统模式全部清晰可见，并且帮助我们认识如何有效地改变这些模式。"无独有偶，陈春花教授在《管理的常识》中明确提出，有效管理者的三个特征除了时间管理和培养人之外，就是系统思考。丹尼尔·平克在《全新思维》中指出："世界正在发生改变，未来将属于那些具有独特思维、与众不同的人，即有创造性思维、共情性思维、模式辨别思维或探寻意义型思维的人。"丹尼尔·卡尼曼在《思考，快与慢》中指出，最重要的不是知识而是思考，改变思考方式才能改变命运。著名未来学家彼得·伊利亚德说："今天我们如果不生活在未来，那么未来我们将生活在过去。"为了活在未来，德博诺博士很早就给出了答案："思维的质量，决定了未来的质量。"为了活在未来，你准备好"教会自己如何思考"了吗？

王芳（Grace Wang）

德博诺（中国）认证讲师

前言

在写本书时，我面临一个选择，是写一本涵盖思考各个方面的、复杂全面的书，还是写一本更简单、更通俗易懂的书？最终，我根据书名做出了选择：教会自己如何思考。本书适合任何希望进一步培养思考技能的人。复杂的书让许多人望而却步，也没有耐心读下去。于是我最终决定写一本简单、实用的书。

就个人经验而言，我知道一些评论者非常讨厌简单。这些人觉得简单的东西不可能严肃。这些人也惧怕简单，因为这威胁到了复杂性，而他们的工作就是对复杂的问题进行解释。就简单的东西而言，他们没有任何发挥的余地。

我一直崇尚简单。我总是尽可能做到简单。所以我设计的思考"工具"既适合南非农村黑人学校的六岁儿童，也适合世界大型企业的高管。

应用广泛的"六项思考帽"（Six Thinking Hats）框架原理简单，

但非常实用。这一框架可作为流传了 2 500 年的传统思辨体系的实用替代方案。因此这一框架目前被广泛应用于教育、商界和政府机关。

"L-Game"是我应剑桥大学著名数学家李特尔伍德（Littlewood）教授的挑战发明的游戏。在这款游戏中，每个棋手只有一枚棋子。现在这款游戏已经过计算机分析，成了"真正的游戏"（先走者没有可用的制胜策略）。我最近发明了一个更简单的游戏，"三点游戏"（The Three-spot Game）。

简单是易于学习和使用的。

谁将是本书的读者？这些年来我写了很多关于思考的书，无法预测谁将是本书的读者。我收到的信表明我的书受众广泛。而共同的主线是动机和对思考的兴趣。我觉得大众媒体（电视、广播和出版界）严重低估了大众市场的智力，认为这一市场只想要娱乐和消遣。就我的个人经验而言，事实并非如此。

有些人对自己的思考能力很是自满。这些人自认为他们无须学习。他们往往能在辩论中取胜，认为只要能拥有并捍卫自己的观点就足够了，无须做更深入的思考。

有些人非常聪明，在思考中不会犯错。他们认为拥有智力就足够了，没有错误的思考就是好的思考。

有些人已经放弃了思考。他们上学时成绩一般，也不善于解决"难题"。于是他们认为思考不是他们的事。他们得过且过。

自满是一切进步的敌人。自暴自弃亦如此。如果你认为自己完美无缺，你就不会努力追求进步。如果你已经放弃自己，你也不会努力。

本书面向那些认为思考是日常实用的技能，但同时又感觉思考非常复杂、令人困惑的人。他们希望提高自己的思考技能，从而使思考更加简单高效。他们希望思考能成为自己的一项技能，从而为生活中的一切提供指引。

目录

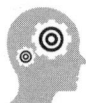

引言

　　我建议你跳过这部分。这部分要比本书的其他部分复杂，可能让你对全书的风格产生错误的印象。不过对于一些读者而言，这部分是有必要的，我将在这部分指出为什么传统思维习惯虽然很好却存在不足。汽车的后轮很好但仅仅有后轮是不够的。我们发展了思考的一个方面，并为此深感自豪和满意。不过我们需要认识到尽管这个方面很好，但仅仅有一个方面是不够的。

　　引言部分的必要性还体现在它是全书的"框架"上。

　　想象一下有一间厨房，许多食材堆放在房间中央的桌子上。厨师开始烹调或"加工"这些食材。厨师技艺精湛，表现极佳。在烹饪过程中，厨师没有犯任何错误。

　　然后我们提出如下问题：这些食材是如何挑选的？如何种植的？如何包装的？又是如何被送到厨房的？换言之，我们把注意力从烹饪过程转向了食材本身。

　　思考也是如此。我们把许多注意力放在思考的"加工"部分。我们开发了卓越的数学、统计、计算机和各种逻辑形式。你输入原料，然后开始加工，最后产出结果。不过我们却很少关注这些原料来自哪里。它们是如何被挑选和被包装的？

　　思考的原料是由感知提供的。感知是我们看世界的方式。我们通过感知将世界分割成我们可以处理的块。我们通过感知选择每个时间点考虑哪些事物。感知决定了我们是把一个杯子看成半空的还是半满的。

　　大部分日常思考都发生在思维的感知阶段。只有在处理技术问题时，我们才会运用数学等加工过程。

　　未来，计算机也许能够接管思维的所有加工过程，而由人类来处理极其重要的感知过程。计算机卓越的加工能力无法弥补其在认知方面的不足。因此思维的认知部分未来将更加重要。

　　除了智力游戏，思维的大部分错误根本不是逻辑错误，而是感知错误。我们只看到了某个情况的一部分。或者说我们只是以某种特定的方式看待某个情况。我们坚持认为逻辑是思维中最重要的部分，而在感知方面却几乎无所作为。这是有原因的。

当西方思维习惯在黑暗时代末期和文艺复兴初期逐步形成之时，大部分思维是由教会人士完成的，因为他们是整个黑暗时代唯一对学术和思维感兴趣的群体。而且当时教会在社会中占据支配地位，经营着大学、学校等机构。所以文艺复兴时期产生的"新思维"主要用于神学问题和打击异教。在这些方面，关于"上帝""正义"等说法有着严格的定义。人们要在这些固定定义的基础上进行"逻辑"思维。因此感知在这种思维中并不重要。在这样的神学问题上，感知显得太过主观。在这些初始概念上，人们需要达成基本的一致。

我们还认为逻辑本身应该能够对感知进行整理归纳。这是无稽之谈，因为逻辑是一个封闭式系统，只能处理已经存在的事物。感知是一个生成系统，能够创造新机。对逻辑力量的这一误解是传统思维的主要问题之一。这一误解源于无法区分先见和后见。的确，逻辑能在事后指出感知的不足，不过这不同于事前就指出这些不足。

每个有价值的创意在事后看来总是完全合乎逻辑的。我们可以在 5 秒之内使用事后看来完全合乎逻辑的想法将 1~100

之内的数字加起来——而得到这一想法是需要创造力的。

停在树干上的一只蚂蚁到达某片特定叶子的概率是多少？在每个树枝点上概率都会递减，因为这只蚂蚁可能选择其他的树枝。在一棵普通的树上，概率约为 1/8 000。现在想象这只蚂蚁坐在那片叶子上。那这只蚂蚁到达树干的概率是多少？概率是 1/1 或 100%。如果这只蚂蚁只往前走，从不折回的话，就不会到达树枝。后见也是如此。在事后看来非常明显的事情在事前可能看不到。无法意识到这点是我们对思维的许多错误认识产生的原因。

我们不太关注感知的主要原因可能是，直到 20 年前我们才弄清感知的运行原理。我们曾经误以为感知和加工都是在被动——表层信息系统中运行的。在这样的系统中，信息和记录信息的表层都是被动的，本身没有活动。需要由外部的处理器来组织信息，推动其运行并从中提取意义。

我们现在认为感知是在自我组织的信息系统中发生的，该系统由大脑中的神经网络控制。这意味着信息和表层有自身的活动，信息按照群组、序列和模式进行自我排列。这个过程类似于雨降落在特定地形上，自行形成溪流、支流和河流。对这些过程感兴趣的读者可以读一读我的另外两本书：《思考的奥

秘——心智的历程》（*The Mechanism of Mind*）和《我对你错》
（*I am Right You are Wrong*）。

↘ 三大人物

公元 400 年罗马灭亡之后欧洲进入了黑暗时代。罗马帝国
的大部分知识、思维和学术成果都落败了。例如，当时欧洲最
强大的统治者查理曼大帝不识字。随着文艺复兴的到来，黑暗
时代随之结束。文艺复兴是由经典希腊和罗马思维的重新发现
引发的（一部分通过经由西班牙传入欧洲的阿拉伯文字）。

这一"新"思维带来了新气象。人类在宇宙中占据了更核
心的位置。人类可以运用逻辑和理性解决问题，而不是完全接
受宗教信条中宣称的一切。这种新思维受到了人文主义者或非
教会思维者的推崇。而令人意外的是，教会思维者也接受了这
种新思维。因此这种新／旧思维成了西方文化中的主导思维并
延续至今。

这种新／旧思维的本质是什么？我们需要回顾创立这种新
思维的三大人物。他们于公元前 400 年至公元前 300 年前后生

活在希腊雅典。这三大人物是苏格拉底、柏拉图和亚里士多德。

苏格拉底

苏格拉底从来没想过成为一个建设性的思想家。他的目标是攻击和去除"垃圾"。他参与的大部分辩论（由柏拉图记录）最终没有得出积极的结果。苏格拉底会试图证明别人提供的所有建议都是错误的，但他也不会提出更好的想法。实际上他相信辩论（或辩证法）。他似乎相信如果你攻击了错误的论点，那么最终你就得到了真理。这由此造成了我们对批评的痴迷。我们相信指出错误比构建有用的观点更为重要。

柏拉图

柏拉图是雅典贵族，他年轻时结识了苏格拉底。苏格拉底从来不写东西，而柏拉图将苏格拉底作为对话中的人物记录了苏格拉底的语录。柏拉图不太相信雅典民主，他认为雅典的民主是平民的民主，很容易被民粹主义观点所左右。柏拉图受到了毕达哥拉斯的影响，后者论证了数学的终极真理。柏拉图相信只要我们努力去寻找，真理无处不在。

柏拉图还反对一些智者派的"相对主义"观点。他们认为事物本身没有好坏之说，而是与某个系统相对而言的。柏拉图认为社会不能在如此复杂的基础上运行。

从柏拉图开始，人们开始痴迷于对"真理"的追求，并且相信我们能够以合乎逻辑的方式建立真理。这一认识构成了所有后续思维的强大推动因素。

亚里士多德

亚里士多德是柏拉图的学生，亚历山大大帝的老师。亚里士多德基于"盒子"理论将一切联系起来，构成一个强大的逻辑体系。这些是基于过去经验的定义或分类。所以当我们遇到一个事物时，我们需要"判断"应该把它放到哪个盒子中。如果有必要，我们通过分析将情况分割成更小的部分，看看我们能否将这些部分放到标准的盒子中去。一个事物要么"在"盒子里，要么"不在"盒子里。非此即彼，没有其他情况。由此产生了一个基于"是"与"非"的强大逻辑体系，回避了矛盾。

总之，在三大人物的影响下产生了一个思维体系，该体系基于：

- 分析

- 判断（和盒子）

- 辩论

- 批评

我们将新经历放到根据以往经验总结的盒子（或原理）中去，以寻找前进的方向。在一个稳定的世界中，这是完全足够的，因为未来和过去一样。而在一个不断变化的世界中，这是完全行不通的，因为旧盒子无法适应新情况。我们要做的不是判断，而是设计前进的路线。

尽管分析确实能够解决很多问题，有些问题是无法找到原因的，就算找到了，也无法解决。这些问题不会屈服于更多的分析。我们需要设计。我们需要设计前进的路线，而不用去管问题的原因。世界上的大问题往往不能通过更多的分析解决。我们需要创造性的设计。

传统思维体系非常缺乏建设性能量、创造性能量和设计能量。描述和分析是不够的。

如果说这一传统体系有如此大的局限性，为什么西方文化还取得了如此巨大的科技进步？

柏拉图对真理的追求是首要的刺激因素。亚里士多德的分类学说也发挥了作用。苏格拉底的质疑和攻击也起到了一定作用。不过迄今为止最重要的因素是可能性体系。这是思维中的一个特别重要的部分。可能性体系给科学带来了假设，给技术带来了愿景。正是该系统推动了西方的成就。中国文化，虽然在两千年前遥遥领先于西方的技术文化，却陷入了停滞，因为他们转向了描述，却从来没有发展可能性体系。

直到现在，学校和大学也很少重视"可能性"体系，而该体系是思维中如此重要的部分。这是因为有一种观点认为思维是关于"真理"的，而"可能性"不是真理。

在本书中我将着重讲述可能性体系，因为它非常重要。

辩论是探讨问题的一种非常糟糕的方式，因为各方很快就会把兴趣转向赢得辩论，而不是探讨问题。在最好的情况下可能会对论点（一方）和反方论点（另一方）进行整合得出一个综合性的结论，而这只是许多可能性中的一种。而如果采用其他方式，也许能够得到更多的可能性。我们可以采用平行思考，在这种思考中各方以平行的方式探讨问题（如"六项思考帽"框架）。

因此从目前的情况来看，传统的思维体系虽好却也存在不足，原因如下：

1．它无法有效地处理"感知"，而迄今为止感知是日常事务中最重要的思维部分。

2．辩论是探讨问题的一种糟糕方式，造成不必要的立场对立。

3．根据以往经验总结出的"盒子"可能不足以应对不断变化的世界，今天的世界与过去迥然不同。

4．分析不足以解决所有问题。需要以设计作为补充。

5．认为有批评就足够，总是会取得进步的观点是荒谬的。

6．人们对思维的生成性、生产性、建设性和创造性方面不够重视。

7．可能性系统的重要性往往被忽视。

不过我想强调的是传统思维体系也有其价值、优点和用处。而问题在于人们想当然地认为它足以应对各种情况，由此造成了该体系统治了我们所有的智力活动。我认为如果我们没有被这样一种非建设性的思维体系束缚的话，我们的文明应该至少比现在先进 300 年甚至 400 年。你可以不同意我的观点。

想象一个颠倒的"S"形。

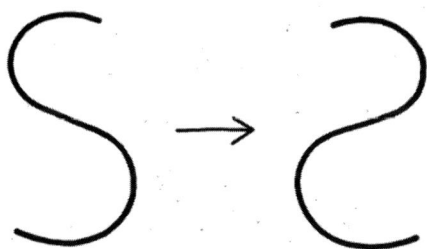

想象一条张着嘴的蛇，它从一端吞入一些东西，再从另一端排出一些东西。

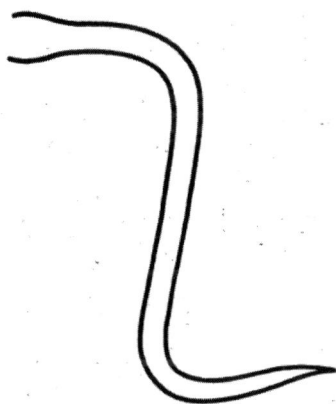

想象一种特别的咖啡过滤器。你在顶端加水，经过滤的咖啡从底部流出。

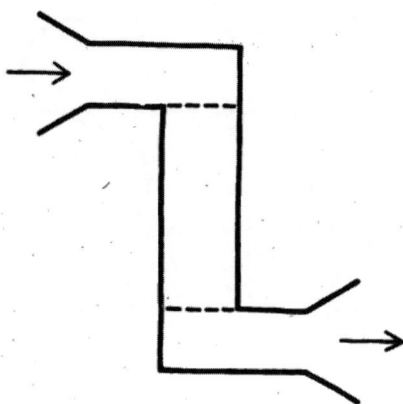

我们继续谈前面提到的感知。将五个盒子想象成一种处理管道。你从顶端进入，这时你有考虑某件事情的意图。思考的结果从底部出来。这是我们将在本书中使用的基本图。记住这张图。

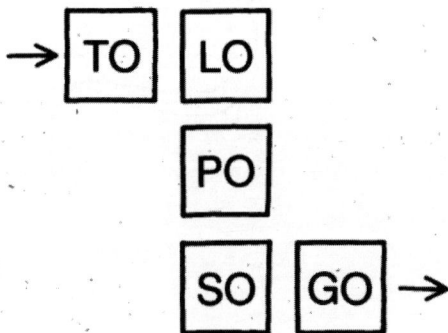

你也可以将顶端的两个盒子（TO 和 LO）看成"输入"端。将底部的两个盒子（SO 和 GO）看成"输出"端。输入端和输出端之间的桥梁或纽带是 PO 盒子。

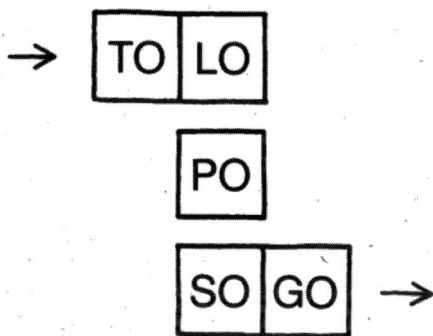

↘ 思考的五个阶段

本书基于思考的五阶段过程。这五个阶段并非基于对正常思考过程的分析。分析对描述有用，而对操作却往往没有帮助。认为对思考过程的分析能够提供思考工具的想法是错误的。工具应该是实用的。本着这一原则，本书中使用的思考五阶段针对思考的实际操作提供了正式框架。这些阶段是基于实用原则设计的。

这里又给出了前面谈到的基本图。如箭头所示，你从顶端进入，从底部出来。在这五个盒子中，每个盒子都包含了与该阶段相关的词。这些名称是什么意思？

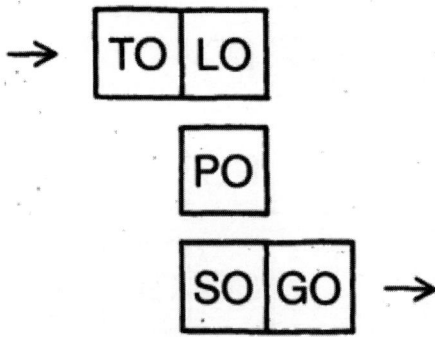

下文概述了五个阶段的名称的含义，在后面的每个部分，我还会做更详细的阐述。每个阶段都有一个词和一个符号。符号以视觉形式表示该阶段的性质。

TO 表示思考的目的或目标。我们要去哪里？我们最终想得到什么？

LO 表示可用的信息和我们需要的信息。当时的情境是什么样的？我们知道什么？感知也是从这里开始的。

PO 是可能性阶段。此时我们创建可能的解决方案和方法。我们怎么做？解决方案是什么？这是生成阶段。

SO　在各种可能性中缩小选择范围、进行检查并做出选择。这是总结、决定和选择阶段，也是结果阶段。

GO　表示"行动步骤"。针对当前情况我们采取什么行动？接下来做什么？

下面给出了代表每个阶段的符号。

↘ TO 符号

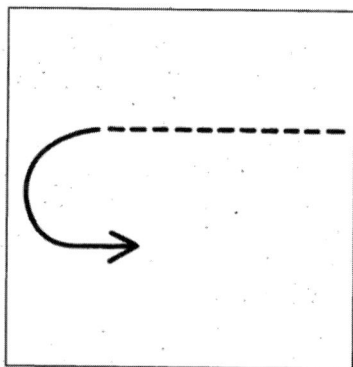

虚线表示我们知道我们想去哪里。我们从目标退回到我们现在所在的位置。然后实线表示我们朝着目标前进。因此这个符号表示对思考的目标的认识以及实现目标的愿望。

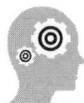

↘ LO 符号

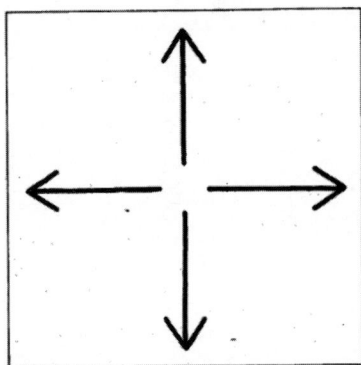

这个符号表示四处观察。我们到处寻找信息。这些箭头表示观察每个方向。我们看到了什么？有什么信息？

↘ PO 符号

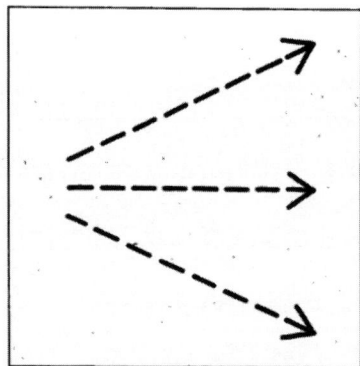

虚线表示可能性。这是创造多种可能性的阶段。这些还不是行动路线，而是可能性。我们需要对这些可能性进行分析和确定。这里强调的一点是可能性不止一个。

↘ SO 符号

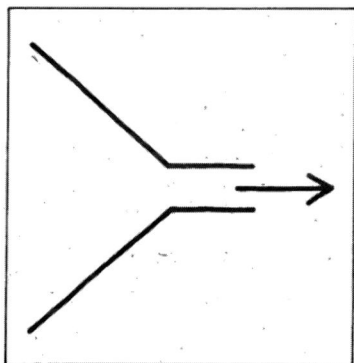

这个符号表示从可能性中确定一个结果，表明了一个可用结果的形成。多个可能性最终归于一个结果。

↘ GO 符号

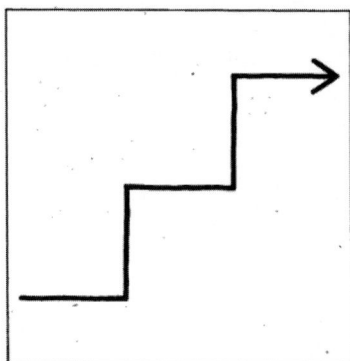

这个符号表示向前和向上行进，暗示积极和建设性的行动。

这些符号可能与每个阶段的词语交替使用。这些符号提供了每个阶段所需过程的视觉图。

当你借助书面笔记进行思考时，可以使用这些图表示你思考的不同阶段。

本书后面的章节将对思考的每个阶段做更加详细的阐述。

思考的场景差异很大。在一些场景中，你需要在某个阶段花费更多时间，而在其他场景中，你可能需要把重点放在其他阶段上。

现在你不需要学习或记忆这些阶段。当你读完全书时，你会发现你能够轻松记住它们：一个输入阶段，一个输出阶段，其间是垂直叠加的三个思考阶段。

思考中的一些
基本过程

在详细阐述每个思考阶段之前，我们有必要先了解一些最基本的思考过程。思考的各个阶段会涉及这些过程，因此我们预先讲一下这些过程。

我们需要了解的基本过程如下：

1. 宏观 / 具体，整体细节。

2. 放映。

3. 注意力导向。

4. 识别和匹配。

5. 移动和替代方案。

我知道对于这些问题，我们可以从不同的角度去理解。上面给出的每个大的方面都可以再细分，每个细分本身也可以看作是一个基本的过程。简单起见，我采用了上面的结论。

↘ 宏观 / 具体，整体 / 细节

想象一个近视的人生平第一次看到一只猫。首先是一个模糊的形象，这个人看到了"一种动物"。当猫走近时，细节逐渐显现，现在这个人看清了这只猫的样子。

想象有两只鹰。其中一只视力很好，而另一只近视。它们都以青蛙、老鼠和蜥蜴为食。视力好的那只鹰能够从高处看到并识别青蛙。它俯冲下去，吃掉青蛙。因为这只鹰视力极好，它能够以青蛙为食，很快忘记了老鼠和蜥蜴。

而视力差的那只鹰无法做到这点。那只鹰需要对"移动的小东西"形成一个整体概念。一看到移动的小东西，它就会俯冲下去。有时候它抓到一只青蛙，有时候是一只老鼠，有时候是蜥蜴——偶尔会是儿童玩具。

许多人肯定会觉得视力好的那只鹰更有优越性。而从某些方面而言，他们的认识是错误的。如果青蛙灭绝了，第一只鹰

也会死去。而第二只鹰则会生存下来，不会受到太大影响。这是因为视力差的鹰具有灵活性。这种灵活性源于它对"移动的小东西"形成了整体、宏观和模糊的概念。

一些电子学专业的学生被要求完成一个简单的电路板。其中 97% 的学生抱怨导线不够用，无法完成电路板。只有 3% 的学生完成了。那 97% 的学生想要"导线"，由于没有导线，他们就无法完成任务。而那 3% 的学生对"连接物"只有整体、宏观和模糊的概念。没有导线可用，他们找到了另外一种连接物。他们用螺丝刀本身完成了电路板。

作为思考机器，人脑的主要优势源于它作为信息机器的缺陷。由于人脑无法立即形成具体、详细的形象，而储备了大量宏观、整体和模糊的形象，这些形象成了概念。这些宏观、整体和模糊的形象在思考中发挥了巨大的作用。

考虑以下两个要求的差异：

- "我想要一些胶水将这两块木头粘在一起。"
- "我想找些东西把这两块木头合在一起。"

第一个要求非常具体。如果没有胶水可用，任务就无法完成。而且在这种情况下，胶水也不一定是将木头合在一起的最好方法。

第二个要求包含很多将两块木头合在一起的替代方案：胶水、钉子、螺丝、夹子、绳子、连接件等。如果没有胶水，这个要求具有更大的灵活性，同时还考虑到了其他选项。

优秀的思考者能够在细节与整体、具体与宏观之间灵活切换。

在寻找问题的解决方案时，我们往往首先从宏观层面考虑。

"我们需要想办法把这个固定到墙上。"

然后我们从宏观到细节。

最终我们只能"做"具体的事情。不过宏观、模糊的概念能够让我们在更广的范围内搜索，更为灵活并评估选项。

从细节转向整体的能力有时被称为抽象——这一术语也许非但不能帮助你理解，反而会让你更加困惑。

在讲述思考的五个阶段时，我们会在宏观与具体之间频繁切换。

在思考中我们总是被要求做到精确，而我们现在却提倡宏观和模糊。当然，你需要在大致正确的方向内"模糊"。如果你"想把某个东西固定到墙上"，寻找"煎鸡蛋的方法"是没有用的。

↘ 放映

想象你的头脑中有一个影像播放机。你按下按钮，一个特定的场景开始在你的头脑中上演。

- 放映的意思是在你的头脑中播放特定的场景。
- 放映的意思是想象。
- 放映的意思是形象化。

我们能够看到周围世界中的事物。放映就是在我们的头脑中看世界。

一辆汽车一边漆成白色，另一边漆成黑色。想象一下如果这辆车发生了事故，会出现什么情况。在我们的头脑中，我们能够看到目击证人在法庭上对峙：一个人声称车是黑色的，另一个人说车是白色的。大部分幽默都涉及放映。我们需要想象当时的场景。

放映是思考的一个基本部分，因为我们无法在现实世界中检验一切。所以我们需要在头脑中进行检验，"看一下会发生什么"。我们可能会犯错，我们的认识可能不太全面，但至少我们能得到一些线索。

"如果所有公共交通都免费，会怎样？"

有些人可能会想象这对穷人的好处。有些人会想象这会造成过度拥挤。有些人会想象这对城里的店铺的好处。有些人甚至可能会想象这会加重每个人的税务负担。

"一杯水的上面漂浮着一块冰，如果冰融化了，会怎样？杯中的水面是会上升，下降还是保持不变？"

要回答这个问题，你需要一些物理学知识。我们的想象力受到知识和经验的限制，不过我们还是要充分利用想象力。

"如果拿掉那个圆，换成三角形，会是什么样子的？"

设计师总是要放映和设想如果做了某件事，会发生什么情况。

爱因斯坦使用的著名思考实验就依靠放映。在思考实验中，你在头脑中进行实验，看一下会发生什么情况。你可能会在某个点遇到障碍，不知道接下来会发生什么。这时你需要对这点做更深入的思考，或者进行实验。

有些情况下，我们需要在纸上写出数字和数学符号来帮助我们思考。我们甚至还会借助词语。不过大多数思考都是利用我们的"放映"能力在头脑中进行的。

你在头脑中所进行的放映并不一定正确。你可能会遗漏重要的东西。对于所涉及的问题，你可能缺乏知识或经验。你永远不要对自己的"放映"太过自信或武断。你需要认识到它们有可能是错误的，或者有局限性。

↘ 注意力导向

"几点了？"

"你几岁了？"

"你喜欢喝这个汤吗？"

"你还想再来点儿咖啡吗？"

"现在美元对日元的汇率是多少？"

"这种塑料的熔点是多少？"

所有的问题都是注意力导向工具。我们也可以不采用"问题"，而是让人们把注意力转向特定的事物。

"将你的注意力转向时间。"

"告诉我现在是什么时间。"

"将你的注意力转向你的年龄，告诉我你发现了什么。"

"将你的注意力转向这种塑料的熔点，告诉我你知道什么。"

一位探险者刚刚从一个新发现的岛上归来。探险者说他看到了冒烟的火山和不会飞的鸟。还有其他的吗？这位探险者说这两样东西吸引了他的注意。这还不够好。于是我们让这位探险者按照具体的指令，使用一个非常简单的注意力导向框架。"向北看，写下你看到了什么。然后向东看，写下你看到了什么。然后向南看，写下你看到了什么。然后向西看，写下你看到了什么。现在回来，把笔记本给我们。"

北—南—东—西指令提供了一个非常简单的注意力导向框架。我们的注意力流向通常取决于三点：

1．此刻吸引我们注意力或情感的事物。

2．通过经验和实践培养的注意力习惯。

3．从一点到另一点的偶然移动。

许多刻意的思考过程都涉及特定的注意力导向。苏格拉底式的提问就是注意力导向的一种。这并没有什么神奇之处。

面向学校的 CoRT 思维训练课程（后面会讲到）包括一系列注意力导向工具。例如，（O.P.V.）工具要求思考者将注意力转向他人的观点。对于有些思考者来讲，这是自然而然的过程。而大部分人却无法做到这点。因此有必要采用刻意的注意力导向工具。

重要的分析过程就是注意力导向指令。

"将你的注意力转向构成这种情况的组成部分。"

"将你的注意力转向影响油价的不同因素。"

"将你的注意力转向影响警方运行效率的各种因素。"

"将你的注意力转向滑板的组成部分。"

"将你的注意力转向我们当前战略的组成部分。"

比较是另一个基本的"注意力导向指令"。

"将你的注意力转向这两个提案的相似点。"

"将你的注意力转向这两种包装的相似点和不同点。"

"将你的注意力转向去海边的这两条路线的相对优势和劣势。"

"比较这两个微波炉。将你的注意力转向它们的价格、性能、制造商声誉、服务等。"

就注意力导向而言，我们可以使用刻意的外部框架（如CoRT工具），也可以使用简单的内部指令，如分析和比较。

注意力导向的另一种形式是要求关注一种情况的某个方面。

"我希望你关注提高柴油税的政治影响。"

"我希望你关注宴会的安保安排。"

"我希望你关注谁来遛你想买的这条狗。"

"我希望你关注上技术学院的好处。"

"我希望你关注选择这种固定利率贷款的弊端。"

在"六顶思考帽"（后面会谈到）框架中，这种关注是通过一个外部框架实现的。例如，使用"黄色帽"意味着专门关注所讨论情况的价值和好处。使用"黑色帽"意味着专门关注危险、问题、弊端和注意点。

尽管大多数人声称他们会采用内部注意力导向，而实际上却并非如此。例如，在一组受过高等教育的高管中，其中一半的人被要求客观评价某个建议，而另一半随机选取的高管被要求使用黄色和黑色思考帽。使用思考帽的受试者的得分比其他人高三倍。而其他受试者中的大多数人声称他们在任何情况下总是会分析"正反两个方面"。

因此有时候有必要采用正式的外部刻意性注意力导向工具。它们可能看似浅显易懂，却非常有效。

↘ 识别和匹配

一种常见的儿童活动玩具包含一个盒子或一块板，上面有

不同形状的洞。孩子被要求将不同形状的块或片放入不同形状的洞中。有些匹配，有些不匹配。

有人从远处向你走来。你并没有在等谁。当这个人走近一些，你开始想你可能认识她。她走到近前，突然之间你确定了：识别"成功"；你找到了"匹配"。

一位葡萄酒专家品尝一瓶葡萄酒，酒瓶上的标签被遮住了。过了一会儿，她宣布葡萄酒来自智利的卡萨布兰卡地区。识别和匹配发生了。

大脑从经验中形成模式。实际上经验在大脑中自我组织成模式。因此我们能够在早晨起床时穿好衣服。否则如果我们有11件衣服要穿，我们可能需要探索 39 816 800 种穿法。没有模式，我们就无法过马路或开车，无法读书或写字，也无法工作。大脑是一个卓越的模式构建和使用系统（因此它在创造力方面表现很差）。

我们试图将事物匹配到合适的模式中。我们试图使用基于过去经验的盒子和定义——就像亚士士多德所期望的那样。我们通常将这称为识别、鉴别或判断。多数情况下这是非常有用的。而当我们放错了盒子，或者试图将过时的盒子用于变化的世界时，我们就会遇到麻烦。

我们出去寻找某个东西。当我们找到与我们想要找的东西"匹配"的东西时，我们非常开心。于是我们停止了寻找。

关于识别，存在一种"成功"。这实际上意味着我们转向了固定的模式，不再"四处搜寻"。

我更倾向于使用"匹配"，而不是"判断"，因为判断含义更广。判断可能意味着评估和评价，而它们是具体的注意力导向过程。"匹配"与"识别"更接近。

从某种程度上讲，思考的目的是放弃思考。有些人成功地做到了这点。思考的目的是设定固定的模式，这样我们就能够通过这些固定的模式看世界，它们会告诉我们该做什么。思考已经没有必要。有些人成功地做到了这点，因为他们相信自己设定的模式足够用一辈子。这样的人不会有改变或进步，而他们却沾沾自喜，满足于现状。

在思考中我们试图进入"识别"模式。当我们完成识别时，我们会注意到。同时我们还要注意到识别的价值或危险。对民族或种族的刻板印象就是识别的一种形式，不过其危害大于益处。

↘ 移动和替代方案

到现在为止我所讲到的基本思考过程都是大多数传统思考者熟悉的，而移动则是比较陌生的概念。

"移动"的意思是"你如何从这个位置向前推进"。

在最极端的形式中，移动与激发一起作为水平思考（创造性思考）的一种基本技能使用。

在激发中，我们建立起完全超出我们的经验或与经验相反的事物。比如，作为激发我们可以说："汽车的轮子应该是方的。"判断会告诉我们这是无稽之谈：结构上不合理；会消耗更多的燃料；很容易散架；速度会很慢；需要很大的力量才能带动；会让乘车人感觉很不舒服，等等。显然，判断无法帮助我们使用这一激发，因为判断与过去的经验相关，而创造力与未来的可能性相关。因此我们需要另一种思考运行模式，即"移动"。我们如何从这一激发向前推进？

我们可以首先想象方轮子转动的情形（放映过程）。当轮子的角点动起来时，悬架会进行调节并变短，这样汽车与地面的距离保持不变。因此产生了悬架根据需求做出响应的概念，从而产生了"主动悬架"或"智能悬架"的概念，现在这个概念早已变成了现实。

移动涵盖从一个陈述、位置或想法前进的各种方式。移动可以包括关联。我们从一个想法移动到与之关联的想法。

移动可能包括意识流或幻想，在这种情况下想法自然流动。

移动还包括确定替代方案。如果我们已经有了做某件事情的满意方式，为什么还要寻找替代方案呢？由于没有合乎逻辑的理由，因此我们需要刻意地生成平行的替代方案。这涉及移动："还有其他方法吗？"

寻找替代方案的价值是显而易见的。第一种方式未必是最好的方式。一系列替代方案能够让我们进行比较和评估，从而选出最佳方案。

可以通过指令或注意力导向要求引导"移动"。我们可以引导自己将注意力转向"班上的其他成员"。这样我们的注意力就移动到了其他成员身上。

移动是一个宏观过程，与其他过程存在重叠。

移动也是我在《水逻辑》（*Water Logic*）一书中所描述的"水逻辑"的基础。在水逻辑中，我们观察想法的自然流动。而在更刻意的移动过程中，我们将推动想法的移动。

"我们从这里走向哪里？"

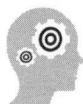

"有哪些替代方案？"

"我们如何从这一激发向前推进？"

"接下来会发生什么？"

"我们想到了什么？"

可以说思考就在于努力引导想法朝着有用的方向"移动"。我们使用许多工具来实现这个目标。

框架

　　我在这里简单介绍一下我将在后面的内容中反复提到的两个框架。不了解这些框架也没有关系。在遇到这些框架时，你可以忽略它们。即便没有这些框架，也不影响本书的内容。

　　不过还是有必要在本书中提及这些框架，因为熟悉我的其他思考相关著作的许多读者可能想知道他们熟悉的这些框架与本书的关系。不过在本书中提及这些框架可能让对其他方法一无所知的读者感到困惑。如果遇到不熟悉的概念，他们可能感到不快和困惑。所以我在这里简单介绍一下这些框架，以便让本书的读者提前熟悉这些内容。如果你对这些框架不感兴趣，也可以直接忽略它们。

　　也许有的读者希望更深入地了解这些框架，并阅读其他相

关资料。

你可以跳过本章下面的内容，并直接忽略后面对这些内容的提及。这对本书的内容没有影响。

↘ 六顶思考帽

这是一个非常简单、实用的框架，广泛应用于全球的学校和商界。该框架如此流行的原因如下：

1．它是西方传统的对抗式辩论的替代方案。

2．它可用于不接受西方辩论的各种文化中。

3．它比传统的辩论更具创造性和建设性。

4．它能够显著提高效率（IBM 的一个研究院称通过采用该框架，会议时间减少了 75%）。

5．它能够充分发挥人的潜能。

6．它能够使思考者一次考虑一个方面并进行全面的思考——而不是一次面面俱到。

7．它排除了思考中的自我和政治。

8．当传统的"盒子"无法满足现实需要时，它提供了设计未来路线所需的"水平"思考。

9．它易学易用。

10．它非常实用。

现在全球有许多经过认证的培训师教授"六项思考帽"。新加坡的彼得（Peter）和琳达•刘（Linda Low）在很短的时间内培训了 3 000 多人。此外还有面向学校的专门课程。

有六项想象的思考帽。一次只用一项。当使用其中的一项帽子时，小组中的每个人都戴同样的帽子。这意味着每个人都朝着同一个方向平行思考。每个人都在思考讨论的问题，而不是上一个人说了什么。

白色思考帽

想象白纸和计算机打印文本。白色思考帽意味着只关注信息。有哪些可用信息？需要哪些信息？缺少哪些信息？我们如何获得所需信息？

平行记录所有信息，即便存在分歧。信息的质量可能参差不齐，既有可以检验、无可动摇的事实，也包括存在的谣言或意见。

红色思考帽

想象火和温暖。红色思考帽允许成员自由表达情感、直觉、预感和情绪，无须道歉或解释。红色思考帽要求一个人表达此时此刻对所讨论问题的情感（情感会发生变化）。永远不需要给出情感的理由或依据。情感是存在的，应该被讨论，前提是以情感的名义表达，而不是伪装成逻辑。直觉可能基于丰富的行业经验，因此可能很有价值。

黑色思考帽

想象法官的长袍，通常都是黑色的。黑色用于警示，阻止我们做危险、破坏性或不可行的事。黑色思考帽用于风险评估。黑色思考帽用于批判性思维：为什么一些事物不符合我们的政策、战略、资源等。

黑色思考帽是最有用的，遗憾的是，它往往被滥用。食物是身体所需的，但饮食过量对健康有害。食物本身没有错，问题在于过量。同样，黑色思考帽也很有用，问题在于过度使用。过度使用黑色思考帽的倾向直接源于三大人物，苏格拉底认为只要不断否定，真理最终会出现。因此有人认为否定就足够了。

黄色思考帽

想象阳光和乐观。黄色思考帽是逻辑积极帽。在黄色思考帽下，思考者寻找价值和益处。思考者考虑如何将想法付诸实施和实践。

黄色思考帽比黑色思考帽更难，因为需要付出额外的努力。大脑倾向于指出问题和不足。为了避免危险和错误，我们天生具有警惕性。黄色思考帽需要付出努力。这种努力往往能够带来回报。我们会突然发现之前从未注意到的价值和益处。没有黄色思考帽，创新几乎是不可能的，因为我们可能永远不会发现新想法的益处。

绿色思考帽

想象植物、生长、能量、树枝、嫩枝等。绿色思考帽是创新帽。在绿色思考帽下，我们提出替代方案。我们寻找新想法。我们修改和调整提出的建议。我们创造可能性。我们使用激发和移动产生新想法。

绿色思考帽是行动帽。绿色思考帽开启可能性。绿色思考帽是生产性和生成性帽。在绿色思考帽阶段，事物还只是"可能性"；我们后续还需要对其进行发展和检查。

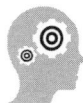

蓝色思考帽

将蓝色思考帽想象成天空和整体印象。蓝色思考帽是控制帽。蓝色思考帽涉及对思维过程的管理。乐队指挥管理乐队，让每位乐师发挥出最佳水平。马戏团指挥确保演出有序进行，避免混乱。因此蓝色思考帽审视思考过程本身。

蓝色思考帽界定问题和思考的内容。蓝色思考帽还涉及结果、结论、总结及后续问题。蓝色思考帽确定使用的其他帽子的顺序，并确保遵守"六项思考帽"规则。蓝色思考帽是思维过程的组织者。

思考帽的使用

总体而言，有两种使用思考帽的方法。

在会议或讨论中，可在需要某种特定思维时在固定的时间内单独使用某个思考帽。比如，在某个时间点可能需要替代方案。因此会议的协调者要求"三分钟绿色思考帽"。这能够统一成员的思维，所以在三分钟内每个成员都寻找替代方案。三分钟后，他们再回到讨论中来。接下来需要考虑某个行动方案，于是协调者要求"三分钟黑色思考帽"。在这三分钟内，每个人关注行动方案的危险和潜在问题。

在这种"偶然"使用中，思考帽成了符号，可让成员进行某种特定的平行思考。每个人都进行平行思考，而不是对立的模式。

在连续使用中，按顺序使用思考帽。顺序可预先设定，也可以根据情况演变。在演变序列中，首先选定一顶帽子，完成这顶帽子后，选择下一顶帽子。经验不足的群组最好使用预先设定的序列，以免在选择下一顶帽子时长时间争论。

帽子的使用无固定的顺序。顺序取决于具体情况和思考参与者。认证培训师的课程会提供一些一般准则。一般从蓝色思考帽开始，以蓝色思考帽结束，中间根据情况选择合理的顺序。

↘ CoRT 思维训练课程

该思维训练课程专门针对学校设计，可直接作为科目用于教学。该课程已开展 20 多年，在全球各地以不同的方式被广泛采用（加拿大、美国、墨西哥、委内瑞拉、英国、爱尔兰、意大利、南非、马来西亚、新加坡、澳大利亚和新西兰）。有些国家将该课程作为必修课程在全国范围内推广，如委内瑞拉，在

其他一些国家只应用于一些学校或学区。在马来西亚，MARA 高级科学学校使用该课程已长达 10 年。

CoRT 思维训练课程的精髓在于工具法。这是教授思考的一种非常直接的方法。学生在各种简短的思维项目中练习使用这些工具。他们在使用工具的过程中培养技能，并将这些技能用于其他场景。学生们经常将这些工具带回家，用于帮助他们的父母做决定和计划。工具的迁移最为重要。

就 CoRT 思维训练课程的使用而言，澳大利亚昆士兰州詹姆士库克大学（James Cooke University）的约翰·爱德华（John Edward）教授取得了最突出的研究成果。

CoRT 思维训练课程简单实用。教师能够快速掌握它，学生也非常喜爱这门课程。当 CoRT 思维训练课程被正式列入教学大纲后，很快成了学生们青睐的选修课程。这可能是因为允许自由思考的科目很少。

CoRT 思维训练课程分为六个部分，每个部分涉及思考的一个方面。每个部分包含 10 节课。

CoRT1——洞察力

CoRT2——领导力

CoRT3——说服力

CoRT4——创造力

CoRT5——感知力

CoRT6——行动力

CoRT1 包含一些基本的"注意力导向"感知工具。这些工具目前被广泛采用。为了便于学习和使用，为每个工具指定了名称。这些名称有着实用的感知目的。这些名称源自所涉及过程的首字母。这些基本工具如下。

P.M.I. 正面（Plus）、负面（Minus）和有趣（Interesting）。将你的注意力首先转向正面点，然后转向负面点，最后转向有趣点。你将得到一个快速的评估扫描。

CAF 考虑所有因素（Consider All Factors）。当我们考虑某件事情时，我们应考虑哪些因素？涉及哪些因素？

C&S 这是将注意力转向行动的"结果和后果"（Consequences and Sequels）。要求是预测可能发生的情况。可能需要预测不同时间段的结果。

A.G.O. 方向（Aims）、目的（Goals）和目标（Objectives）是什么？我们想做什么？我们想实现什么目标？我们要去哪里？

FIP 优先考虑的事情（First Important Priorities）。将注意

力转向真正重要的事情。不是所有的事情都同样重要。哪些是优先事项？

A.P.C. 替代方案、可能性和选择（Alternatives, Possibilities, Choices）。创造新的替代方案？有哪些可能性？有哪些选择？

O.P.V. 将注意力转向其他人的观点（Other People's Views）。都涉及哪些其他人？他们持什么观点？

这些工具被明确、直接地采用。它们是将认知注意力引导至明确方向的正式方式。

"做一个 P.M.I.。"

"我们首先从 CAF 开始。"

"A.G.O.是什么？"

"该做 A.P.C.了。"

这些可能看起来不太自然，不过却很有效。思考有时候需要刻意为之，否则我们就会想当然地以为我们已经做到了，而实际上却根本没有做到。大多数人声称考虑了行动的后果，而实验表明通过正式的 C&S 考虑后果能够产生更好的结果。注意力的确需要刻意引导。太多的人宣称自己是好的思考者，而实际上却并非如此。

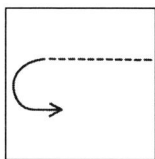

TO
我想去哪里

I am going **to** London（我想去伦敦）

I want **to**（我想）

Towards what（目标是什么）

Get **to**（到达）

Going **to**（将要）

To this destination（去往这一目的地）

To this purpose（为了实现这一目标）

To this end（为了这一目的）

Toward this goal（朝着这一目标）

Get **to** this objective（达到这一目标）

"To"一词暗示目的地和目标。我们朝着某个目标前进。我想去某个地方。

思考的第一个阶段与目标相关。

- "我的思考的目标是什么？"

- "我希望通过我的思考实现什么？"

- "我在考虑什么？"

在思考第一阶段的符号中，虚线从目的地折回。这表明我们知道目的地。不过我们需要从我们现在所在的地方向目的地前进。所以实线表示我们开始向目的地前进。

第一阶段与我们的思考的目的、方向或目标相关。我们的目标是什么？我们想实现什么？

在"六项思考帽"框架中，首先使用的蓝色思考帽将用于定义思考的目标，并建议目标的替代定义。

在 CoRT 思维训练课程中，A.G.O.工具将用于定义目标（方向、目的和目标）。一个学生可能被要求"现在做一个 A.G.O."。有趣的是，年龄较小的学生（6~9 岁）往往会在 A.G.O.上遇到困难，因为他们感觉自己的所有活动都是由别人指挥的——"我做这些事情是因为有人要求我这样做"；"我做这些事情是因为在别人看来我应该这样做"。过一段时间之后，学生们才能自如地设定自己的目的和目标。A.G.O.工具指的是一般目标，通常用于行动或行为。

遗憾的是，我们总是想当然地以为思考的目标是显而易见的。我们知道自己在想什么。就我多年教授思考课程的经验而言，我发现能够明确定义目标的人其实很少。在思考的各个环节中，这是人们表现很差的一个环节。不过对思考目标的明确定义能够让思考本身更加轻松、高效。如果你不知道自己想去哪里，就不太可能抵达目的地。不要想当然地以为思考的第一个阶段是容易和显而易见的。

↘ 思考行动

对于思考的目标，你能做些什么呢？

定义

说出你的思考的目标，即便你觉得它是显而易见的。

"现在，我的思考目标是……"

说出你的目标。看看它听起来是否合适。有时候定义了目

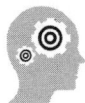

标之后，你可能想修改它。

重新定义

说出了目标之后，你可能会想重新定义它。

"能否用其他方式定义这个目标？"

替代定义

如果你尝试重新定义目标，你可能很快得出替代定义。替代定义是水平定义，所表达的目标已经不一样了。重新定义实际上意味着以另一种方式来表达完全一样的目标。在实践中，这两个定义存在很多重叠之处，因此没必要对其进行区分。

更小的定义

你可以将宏观的目标变成更小的目标。

"我希望自己过得开心"可以变成"我希望我这周末能过得开心"。

这是一个重新聚焦的过程。你不再聚焦宏观的目标，而是关注更具体的目标。

更大的定义

你也可以反其道而行之，从具体的目标转向更宏观的目标。

"我想要一些胶水将这两块木头粘在一起"可以变成"我想找些东西把这两块木头合在一起"。

有时候你希望扩大视角，有时候你希望更具体化。当你试图将两块木头合在一起时，最终你会找胶水、钉子或其他具体的东西。你可能想"出行"，不过最终你会步行、开车或乘坐公交车。

分解目标

很多时候为了便于处理，你需要将大目标分解为小目标。

"我想考虑一下我的假期"可以分解成：

"我想看看什么时候可以度假。"

"我想看看我的预算是多少。"

"我想看看我到底想要什么样的假期。"

"我想看看有哪些产品可供选择。"

"我想考虑一下如何规划假期。"

上面每个问题都可以成为一个单独的子焦点。我们通常需要以这种方式分解目标。有时候这种分解是在无意识的情况下

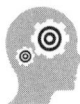

进行的。不过如果你在分解过程中能够进行有意识的思考，将显著提升分解的效果。这样能够避免遗漏。

在有些情况下将大目标分解为小目标是一个分析的过程。"我想实现的目标由哪些部分组成？我能否各个击破？"

变更

在思考过程中你可以随时变更你的思考的"目标"。你可能发现目标的最初定义太过宏观或具体。重要的是，你要有意识地进行变更——知道自己在做什么。

如果你发现自己严重偏离了宣称的目标，开始思考完全不相关的话题，就说明你已经陷入了糟糕的思考。创造性思考者最后可能思考预期思考目标之外的任何话题。在辩论中，一方或另一方为了阐述自己的观点，也经常变更焦点。辩论很少固守主题，而是很快引入各种其他话题。

"到现在为止这是我思考的目标……不过现在我将目标变更为……"

当你开始思考某个问题时，你可能明显地发现目标的最初定义太过狭隘。因此你可以进行变更。不过要告诉自己或其他人你在变更目标。

"正确的"定义

许多关于问题解决的书都强调找到和使用问题的"正确"定义至关重要。如果你找到了"正确的"定义，问题就容易解决了。这听起来很好，却不符合事实。

只有当你解决了问题之后，才能找到"正确的"定义。然后你回顾，"要是这样定义问题的话，问题就解决了"。

寻找"正确的"定义没有捷径可走——不过我们可以努力尝试。我们可以尝试不同的定义，直到找到我们觉得有希望的定义。我们甚至可以使用问题的不同定义。

考虑下面的场景。晚上一位邻居在大声地播放音乐，扰得你无法休息。我们如何定义这个问题？我们如何定义我们的思考的目标？

"我如何阻止这位邻居大声播放音乐？"

"我如何找其他人来阻止这位邻居大声播放音乐？"

"我如何让这位邻居播放我喜欢的音乐？"

"我如何让自己喜欢上这位邻居播放的音乐？"

"我如何避免自己听到这位邻居播放的音乐？"

"我如何避免自己因为这位邻居大声播放音乐而心烦？"

"我如何给这位邻居一个教训？"

上面每一项都是我的思考目标的替代定义。它们都折回到同样的问题。不过不同的定义会导致完全不同的解决方案。

- 如果你想避免自己心烦，你可以使用镇静剂。

- 如果你想避免听到音乐，你可以使用耳塞。

- 如果你想给邻居一个教训，你也可以大声播放音乐。

- 如果你想找其他人来阻止这位邻居，你可以与其他邻居联合起来，或者叫警察。

- 如果你想让这位邻居播放你喜欢的音乐，你可以尝试将你喜欢的音乐 CD 送给这位邻居。

你可能注意到问题的每个定义也是解决该问题的一种"方法"。我们可以对这些方式做出如下分类：

1．停止音乐。

2．改变音乐。

3．避免听到音乐。

4．不理会音乐。

以上各项本身也是问题（我们如何处理它），不过它们也是解决总问题的方法。

这是我所说的"概念扇形图"的一部分。

↘ 概念扇形图

我们在一张纸的右边写下我们的思考的总目标。然后我们看一下哪些宏观概念、方向或方式能够帮助我们达成这个目标。然后我们将以上每一项作为目的地，看看哪些替代概念或途径能够帮助我们抵达这些目的地。最后我们寻找执行这些概念的替代方式。

我们假设总问题是"城市交通拥堵"。不同的解决方法可能包括：

1．减少交通流量。

2．改善现有道路的交通状况。

3．提供更多通行空间。

以上每一项本身现在成了单独的"思考目标"。我们如何减少交通流量？

我们可以通过不同的方式减少交通流量：

1．减少私家车出行量。

2．禁止特定类型的交通工具。

3．提供能够在同样的道路空间内搭载更多乘客的替代方式（公交车等）。

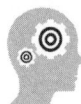

4．对减少出行量的私家车予以奖励。

然后我们将每一项作为思考目标来处理。我们如何减少私家车出行量？

我们可以通过不同的方式减少私家车出行量：

1．对驶入城市道路的私家车收费。

2．不提供停车空间。

3．对违规停车处以高额罚款和强制拖走。

4．设置不便于开车的单行道。

然后我们看一下如何执行以上各项。

所以说概念扇形图是通过重新定义思考目标进行推导的反向方法。

↘ 正向方法

有时候我们需要转到相反的方向。我们已经为自己定义了目标。不过这个目标不是总目标。实际上，我们为自己定义的目标只是概念扇形图上的一种方法。假设有人需要解决城市交通拥堵问题，并立即开始思考"减少交通流量"的话，那么接下来这个人可能需要定义总目标，也就是"解决城市交通拥堵问题"。

要解决这个问题，有一种成熟的方法，也就是问"为什么"。你为什么想减少交通流量？答案可能是"解决交通拥堵问题"。

我会说："总目标是什么？减少交通流量只是实现这个目标的一种方法。"

当然你可以继续问下去。你为什么想解决交通拥堵问题？为了让商业运行更加高效。你为什么希望商业运行更加高效？为了整个国家的经济福祉。你为什么关心经济福祉？你可以不停地发问。

这个过程存在一定的危险性，因为你可能从你需要解决的具体问题转向改变世界的宏伟目标。

有一次我需要开一瓶葡萄酒，却没有开瓶器。我的思考的目标似乎是，我如何将软木塞从瓶子里拿出来？我尝试了各种方法，都没能成功。然后我转移了问题：我如何将软木塞从瓶颈处取出？于是我尝试将软木塞推入瓶中。还是没有成功。这时我回到了目标的总定义：我如何把酒从瓶子里倒出来？于是我用一把螺丝刀在软木塞的中央开了一个孔，从孔中将酒倒了出来。

运筹学著作中经常讲到一个故事。在一座大楼里，人们抱怨电梯速度慢。工程解决方案造价高昂。而比较省钱的解决方案是在电梯口旁放一些镜子。装了镜子之后，人们会花很多时间看镜中的自己和他人的形象，没有人再抱怨了。

这是关于水平思考的一个很好的例子，而解决方案的成败取决于真正的问题究竟是什么。如果问题是"抱怨电梯太慢"，那么镜子的确能够通过减少抱怨解决问题。如果问题是电梯运行缓慢降低了工作效率，那么镜子解决方案就起不到作用。实际上，镜子解决方案甚至可能有消极影响。如果大楼里的人知道电梯运行缓慢，他们可能尽量避免上下楼——而如果装镜子导致他们注意不到电梯运行慢，他们可能更频繁地上下楼，从而降低工作效率。

我经常讲我在加利福尼亚帕萨迪纳市时发生的闹钟事件。当时我住在帕萨迪纳希尔顿酒店。我需要在凌晨 4:30 起床，然后开车到洛杉矶搭乘去往多伦多的飞机。于是我将床头桌上的闹钟定在凌晨 4:30。凌晨 4:30 我被闹钟叫醒，为了避免吵醒邻居，我要关掉闹钟。我尝试了各种办法，其中包括切断电源。但是什么都不管用。声音还在继续响着。我正准备将闹钟浸到水池里，突然注意到声音是我的旅行闹钟发出来的，我之前设定了时间，后来却忘记了。

我对问题的定义是"我如何关掉这个闹钟"。事后想来，显然我本应将问题定义为"我如何停止闹铃响"。

↘ 转弯法

转弯法指的是我们不直接朝着目标前进，而是转向其他方向。我们到达一个新位置。我们很容易从这个新位置抵达目的地。这种思考实际上很难，因为我们判断思考的价值的依据是它能否帮助我们向目的地前进。

我曾经听过一个推销办公室复印机的成功销售员的故事。在与一个大客户初次打交道时，这位销售员故意犯了一个错误。这似乎很荒谬，完全不合逻辑。错误会给人留下非常不好的印象。

实际上，这个策略很成功。销售员快速、高效地纠正了错误，给客户留下了良好印象，结果这位销售员拿到了订单。客户对售后服务和检修也很感兴趣，通过犯错误，销售员向客户展示了这些方面。

爱尔兰人指路的故事广为流传。一位游客向一个爱尔兰人打听去纪念馆的路。这个爱尔兰人回答道："如果我要去那里，我不会从这里出发。"这是一个非常合乎逻辑的回答。它表明我们现在所处的位置可能不是通向目的地的最佳起点。于是我们转到另一个位置——从那里出发，我们更容易到达目的地。这就是转弯法。

所以，现在我们的思考目标的定义应该是：我们如何到达一个新位置，也就是可以帮助我们更轻松地抵达总目的地的位置。这个位置将成为某种子焦点。而难点在于定义子焦点并非易事，因为它与总目标并不在一个方向上。所以我们需要找到一个能够让后续步骤更加容易的位置。

在这部分，我想说明的一点是我们可以努力寻找"正确"的定义，却永远无法确定我们是否找到了它。关键在于保持灵活性，不断尝试重新定义和替代方案。我们可以在概念扇形图中上下移动。这是思考过程本身的一部分。不是说你得到了一个问题，"然后"你就开始思考这个问题。在开始思考如何抵达目的地之前，你需要进行许多思考。在思考的这个阶段花费的时间是值得的。如果你朝着错误的方向前进，会浪费很多精力。

↘ 限定条件

这是一个难点。

"我想考虑一个假期。"

作为思考目标的定义，这似乎看起来很简单。不过真的那么简单吗？这个定义中是否包含许多隐藏的假设和因素？

这个人是想考虑"任何"假期，还是只考虑其预期价格范围内和可用时间范围内的假期？这个人是否会考虑持续三个月、花费 25 000 美元的豪华游轮环球旅行？

我们是否应假设这些背景因素是理所当然的？就假期而言，假定假期应"符合"思考者的情况是合理的。不过除此以外，限定条件还涉及许多其他问题。

限定条件是否应作为问题定义的一部分？

政府是说"我们希望通过一些方式增加收入"，还是说"我们希望通过一些方式增加收入，同时确保不会减少我们的选票"？

考虑假期的人是否应该说"我想考虑适合我的预算、品位和可用时间的假期"？

有趣的是，思考的前四个阶段中的任何一个都会涉及限定条件。

1. 限定条件可能出现在 TO 或目标阶段。在这里我们将其作为我们的思考目标的定义的一部分。

   "我想根据预算限制和可用时间考虑一个假期。"

   这类似于设计纲要。一位店铺设计师会被告知设计必须在一定预算范围内，给人以特定的印象，符合建筑标准，设计风格要大胆原创，提供最大的橱窗展示空间，同时还要优雅，等等。建筑师也会得到一份纲要，并按照纲要进行工作。所以说将限定条件作为思考目标的定义的一部分并不奇怪。

2. 有时因素和注意事项会出现在信息阶段中（LO 阶段）。在这个阶段，我们寻找信息。也许在这个阶段，我们需要引入预算、偏好和可用时间等因素。

   在这个阶段，店铺设计师会估算不同材料的成本。原始的设计纲要不太可能要求墙面"必须是大理石，造价必须在 30 000 美元以内"。信息阶段可能显示这是不可能做到的。要么选择大理石，要么选择造价限制。设计师需要回去找客户，要求重新定义纲要。

假期思考者可能倾向于在 LO 或信息阶段引入预算和时间限定条件。

3. 在创造性思考中，我们不会一开始就引入限定条件。我们在各个方向寻找想法。有了一些想法之后，我们就会尝试在 PO 阶段引入限定条件，看看能否用这些限定条件来"塑造"这些想法，从而使其成为可用、实用的想法。所以假期思考者也许能够自由地考虑乘坐豪华游轮环游世界，然后看一下能否不时地从船上下来，从而减少在游轮上待的时间并减少费用。或者如果这个人很想乘坐游轮旅行，他可以寻找更便宜的游轮或者想办法获得更多假期时间。不过如果时间和预算是定义的一部分，那么这个人可能永远不会考虑乘坐游轮旅行。

在这个阶段才使用限定条件意味着会进行更多的思考。产生的许多想法可能无法塑造成可用的形式。不过这意味着更多的可能性。

4. 最后，可在思维的 SO 阶段引入限定条件。在这个阶段，PO 阶段（可能性阶段）产生的结果将被简化为适用于行动的形式。SO 阶段涉及判断、评价和评估过程。

因此限定条件也可用于评估过程。

"这个假期太昂贵了。放弃它。"

"这个假期需要的时间超过了可用时间。放弃它。"

这样的思考开放、自由、无拘无束，不过得到的许多建议被放弃了，因为它们不符合限定条件。

如果你想让人给你买一支红色的钢笔，你是明确地说"请给我买一支红色的钢笔"，还是说"给我买各种颜色的钢笔"？当面对各种不同颜色的钢笔时，你可能放弃非红色的钢笔。显然第一种指定具体需求的方法比第二种在判断阶段才施加具体要求的方法更有效。不过还有另一面。当面对大量选择时，你可能发现你更喜欢绿色的钢笔。如果红色是最初指令的一部分，你可能永远不会有这样的选择。

既然限定条件可能出现在思维的前四个阶段的任何一个阶段，在实践中我们该如何操作呢？

请遵循以下指导方针：

1. 如果你对新的创意想法感兴趣，不要将限定条件放到目标定义中。

2. 如何你对新想法不感兴趣，或者没有时间，将一些限定条件放到目标定义中，不过不要太多。

3. 在信息（LO）阶段，限定条件应该总是可用的。你应

该充分探索这些限定条件，即便你打算在思考的下一个
阶段忽略它们。在这个阶段，你没有理由忽略它们。

4. 在评价（SO）阶段，必须按顺序使用限定条件，从而
得出实用的可用想法。与此同时你还要"挑战"这些限
定条件：它们真的是必要的吗？

↘ 问题

在"问题"一词上，我遇到了大问题。

太多的人认为思考就是关于问题解决的。思考只用于问题
解决。除此之外，思考还有其他目的吗？思考与问题带给我们
的不愉快和困难有关。所以有很多人不喜欢"思考"这个词。
它意味着困难。它意味着辛苦。它涉及问题。如果没有问题，
你也就不需要思考了。

北美人习惯性地将所有思考称为"问题解决"，使情况变得
更加糟糕。这源于以下思路。人们想要得到某个事物，但不知
道如何才能得到它。因此有一个问题需要解决。在我看来，对
"问题"一词的这种广义使用是有局限性和危险性的。它往往意

味着我们最终只考虑缺陷性的问题。认知心理学家对"问题"一词的使用也存在同样的问题，并因此导致他们最终只研究问题解决，他们认为他们研究的是更广义的思考。于是人类被称为解决问题的生物，这纯粹是无稽之谈，因为这一认识忽略了所有的创造性、建设性和有趣的直觉，而这些直觉才是真正推动人类进步的动力。

在西方的组织中，"进步"往往意味着消除错误、缺陷、瓶颈、高成本方面、投诉和问题。有些方面出了问题，我们需要解决它。这种局限性的习惯源于我们对"问题"的痴迷。如果我们解决了问题，就万事大吉了。有一种流行却非常危险的说法："如果没有出故障，就不用修理。"这是很危险的，因为你只处理问题，当问题解决之后，你又回到了没有出问题之前的状态。而你的竞争对手却在没有出问题的方面取得了进步，于是你发现自己远远地落在后面。

对问题的这种痴迷在很大程度上也源于奠定西方思维习惯的三大人物。苏格拉底致力于寻找问题。因此"批判"思考框架占据了支配地位。这是非常有用的，因为解决问题的确能带来进步。而危险在于当我们过于痴迷问题解决时，我们往往会忽视思考的创造和生成方面。

不得不说我们对问题的痴迷也是有实际原因的。

1. 问题就像头痛或鞋里的石子。你能感觉到它的存在。问题会自行呈现。与之相反，创意永远不会自行呈现——你需要通过确定需求来引发创意。

2. 很多时候你"被迫"考虑问题。你别无选择。如果你的汽车爆胎了，你需要处理。如果屋顶漏水了，你需要处理。如果厨房里的深平底锅着火了，你需要处理。而几乎所有其他类型的思考都是选择性的。因此它们不会被处理，或者当紧急问题处理完之后才会被处理。在商界，紧急问题优先于重要问题，很多时间都被用于处理紧急问题，所以留给真正重要问题的时间就很少了。

3. 我们如此痴迷于问题的最重要的实际原因可能是问题的解决能够带来"真正"、可见和可预测的好处。如果你拿掉了鞋子里的石头，你能感受到好处。如果你解决了屋顶漏雨的问题，你能感受到好处。如果你校正了打印机的色彩，你能感受到好处。而其他类型的思考能够带来的好处往往是推测性、笼统或模糊的。如果你有一个创意，你不知道它能够带来什么好处，它是否实用，是否容易实施，其他人是否会喜欢它，等等。而与之相

反，每个人都愿意接受并急于实施一个问题的解决方案。这种可预见的直接好处使问题解决具有如此大的吸引力。

4. 我们对世界的总体印象是一切都好。世界会在渐进式的演化中不断进步。我们只需要对其加以维护。而其他的一切都具有颠覆性和风险性，可能干扰某些人。自满是整体情绪。做你正在做的事情并持续下去。问题需要解决是因为它们干扰了正常的维护。

出于这些看似非常合理的理由，许多人逐渐形成了或被灌输了这样的认识：思考就是解决问题。

需要澄清的一点是，我并不反对问题解决。它是思考中非常有价值和有效的部分。我不是想说问题解决有什么错。我强烈反对认为问题解决是思考的全部的观点。这种观点认为我们只需要解决问题，无须考虑其他。这种支配性和排外性是我所担忧的。

我对于这个问题的态度与我对传统思考和三大人物的贡献的态度是完全一样的。我并不反对批判和分析思考。它们非常好，在我们的思考中发挥着重要作用。但它们只是整个过程的一部分。我反对的是认为这就足够的观点。

我在前面使用的类比是汽车的后轮很好。我并不反对它们，但它们是不够的。

另一个类比和食物有关。食物是身体所需的，但饮食过量对健康有害。食物本身没有错，问题在于过量。所以我们对批判思考和问题解决的痴迷并不是这些过程本身的错，真正的问题在于我们的痴迷。

在西方思考中，改进只涉及问题解决和缺陷处理，而日本思考（没有受到三大人物的影响）会关注非问题方面，会通过不断的改进让本来已经很好的东西变得更好。现在西方也在"质量"框架下形成了这种习惯。不过只有质量还是不够的——我们还需要创造力。我们不能满足于把同样的事情做得更好，而是要积极寻找更好的方案。

为了展示不同的思考情境的巨大差异，下面我们来看一下一些不同的思考情境。

↘ 不同的思考情境

以下列出的思考情境并不全面。除了我列出的这些情境，

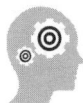

大部分读者很容易想到其他情境。列出这些情境的目的是要说明我们的思考目标的定义可能多种多样，这取决于我们想要做什么以及思考情境的类型。

在所有情况下，关键的问题是：我最终想得到什么结果？

这个问题的明确答案能够帮助我们得出思考目标的定义。

问题

我所指的是"纯粹"意义上的问题。出现了一个问题。出现了一个失误。存在一个缺陷。出现了一个偏差。某个方面出错了。出现了故障。这带来了烦恼。这带来了危险。这干扰了我们的正常行为。可能有一个障碍需要克服。可能有一道鸿沟需要跨越。可能有什么东西阻挡了我们前行的道路。

总之，有一个问题需要解决。我们想解决这个问题，就像病人想脱离病痛一样。我们想排除这个问题造成的干扰。我们想克服这个问题带来的障碍。

干扰性的问题与障碍性的问题是存在差异的，因为前者与我们的正常行为相关，而后者阻挡了我们前行的道路。不过这两者都是我们不希望存在的阻碍因素。

"我不能出门，因为没有人照顾这只猫。"

"邻居大声放音乐吵得我晚上睡不着觉。"

"城市中的交通拥堵非常可怕。"

"我们的供应商提高了价格。"

"各工会扬言要罢工。"

- 我最终想得到解决这个问题的方案。

任务

任务是我们想做的事情。我们可以为自己设定任务，或者让他人为我们安排任务。

对于有些痴迷于问题的人而言，设定任务意味着寻找问题。任务是我们想做的事情。

我曾应一位著名数学家的挑战发明了一个简单的游戏，这是我为自己设定的任务。

我们总是满足于生存。维护就足够了。我们并不设定任务。我们没有设定大胆的任务是因为它们可能难以实现。在思考和创造中，随着信心的增长，我们应尝试设定大胆的任务。

"我想学说汉语。"

"我想列出这个城镇中最具创意的广告人的名单。"

"我想让女性喝更多啤酒。"

"我想为无家可归的年轻人建一个家。"

"我想提供最优质的航空服务。"

"我想尝试用一种新方法做卷心菜。"

- 我最终想得到实现这项任务的方案。

实现梦想

梦想是你的头脑中产生或逐渐形成的一种特别任务。从定义上看，梦想似乎总是遥不可及。

如果我们把梦想当成无所事事或补偿自己的借口，那么梦想的目标就无法实现。

空有梦想是不够的，我们还要思考如何实现梦想。

我的一位朋友曾梦想成为某个马勒交响乐团的指挥。他不是乐师。不过他为实现这个梦想而努力。他最终实现了这个梦想。实际上他成了那个交响乐团的首席指挥。

"我的梦想是当医生。"

"我的梦想是能穿上时尚的瘦版衣服。"

"我的梦想是步入温布尔顿的中心球场。"

"我的梦想是成为一个非常富有的人。"

- 我最终想得到实现这个梦想的步骤。

发明

发明也是一项特殊形式的任务。发明人希望发明某个东西来实现某种功能。不过这还涉及其他方面。

发明人需要找到某个点，也就是发明被需要或能够带来益处的点。发明人最有价值的贡献往往就是确定这个点。为 Black & decker 发明"Workmate"工作台的发明人得到了几百万美元的版权费。他的贡献不是关注 Black & decker 制作的强大工具，而是工具的用途。

发明人需要完成一系列步骤。

1. 发明将在哪里，以何种方式带来益处。

2. 明确行动方案。

3. 明确如何以切实可行的方法完成行动方案。

4. 保护发明。

5. 将方案付诸实施，或者说服他人实施方案。

所有这些步骤本身都能够成为任务。发明是典型的自定义任务。

- 我最终想得到能够实现这一功能的发明。

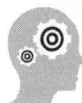

设计

设计也是任务的一种形式。你要创造新事物。在设计的过程中，你可能需要克服特定的问题（材料的缺陷、成本和环境问题等），不过总的目标是创造新事物。

你可以为自己设定设计任务，或者让他人提供设计纲要。

甚至在典型的问题解决中，你可能也需要使用设计。如果不能通过确定和消除导致问题产生的原因来解决问题，你可能需要"设计路线"。

"我们需要设计收集废纸的方式。"

"我们需要设计更好的议会制度。"

"我想为商界高管设计旅行装。"

"我想设计兼具其他用途的会议厅。"

"我想为低龄儿童设计安全玩具。"

● 我最终想得到符合预定要求的设计。

按照预定的方向改进

"我想加快这一流程。"

"我想简化申请表。"

"我想让这一操作更加安全。"

"我想减少这一操作所需的能量。"

"我想让员工对客户更加友好。"

"我想强化这个节点。"

当改进方向（速度、简化、降低成本等）确定时，改进涉及任务、设计甚至问题解决等各个方面。有时候有问题需要解决；更常见的情况是一切运行良好，而我们"相信"可能还有更好的方式。然后我们确定"更好"的方式的含义。现在我们有了努力的方向。我如何达到这个目标？我们如何实现这点？

● 我最终想得到按照预定方向改进的方式。

谈判

在谈判之前会有一些思考发生。我想从中得到什么？我希望实现什么目标？我在哪些方面绝对不能让步？

谈判过程中有一些思考发生。

谈判的间隙也有思考发生。我们取得了哪些进展？我们觉得谈判中提出的报价如何？我们现在处在什么位置上？

可能还有最后的阶段，如陈述结果、确保合规、保全面子和沟通等。

有些人将谈判视为问题。我们如何克服这个障碍？我们如

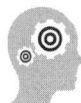

何解决这个难题？

有些人将谈判视为辩论。有些人将谈判视为战斗并全力以赴。

还有一些人将谈判视为设计过程。有哪些不同的立场？有哪些不同的认识？有哪些不同的价值观、需求和恐惧？我们如何设计出一个方案以得到双方都能接受的结果（双赢）？在这种情况下谈判成为一项设计任务。

"我们如何设计出一项双方都能接受的结果？"

"对于这点，我们的立场有什么不同？"

"鉴于这些不同的恐惧，我们如何设计出一项方案来克服它们？"

"让我们详细地说明这对双方的价值。"

"我们将改变这一设计。"

合同也是设计式谈判的一种形式。双方都希望取得成果，因此要设计出涵盖各方价值观和恐惧的方案。

还有另一种谈判形式，在这种谈判中双方永不相见。各方"设计"对于双方而言最合理的结果。然后由评判者或评判小组选出最合理的结果。没有辩论，没有交谈，也不会对另一方的提案做出响应。重点完全在于设计"最合理"的结果。如果一方拒绝设计合理的结果，另一方的提案就会被接受。如果双方都寻求合理的结果，那么最后哪方的提案被接受可能就不重要了。

这种替代性争议解决方案（Alternative Dispute Resolution，ADR）旨在避免对立，将注意力转向设计方面。

- 我最终想得到双方都能接受的结果。

获取信息

此时我们的思考目标是获取指定的信息。从某种意义上讲，这成了"信息任务"。我们如何获得所需信息？

我们能够通过市场调查获得所需信息，市场研究也是如此。民意调查可能具有价值。你可能需要四处询问。寻找信息的过程可能蕴含着创造性。

调查案件的侦探都有信息任务。谁是罪犯？有什么证据？在寻求这一特定信息的过程中，侦探可能需要经过一个"开放"的信息搜索阶段。我能得到什么信息？

在这种思考中，需要注意的是思考的具体目标是获取信息。如何处理信息不是思考的明确目标的一部分。

"我们如何才能知道谁读这些书？"

"我们需要这个地区药品经销商的信息。"

"匈牙利的商业环境如何？"

"我们需要这个地区相关专利的信息。"

"我们需要关于这种除草剂的环境影响的信息。"

● 我最终想得到指定的信息。

执行任务

这不同于指定一项任务，然后思考如何实现目标，如何执行任务。我们所说的情况是任务和行为方式已经确定。我们现在需要做的是执行任务。

执行指定的任务为什么需要思考呢？如果是常规任务，并且具体的细节非常明确，那么我们只需要在出现问题时思考如何处理。而如果任务没有明确的说明，并且不是常规任务，你就需要坐下来思考如何执行任务。

思考可能涉及首先做哪些事情。思考可能涉及寻找更好或更简单的方式。思考可能涉及如何实现指定的目标。

"我们如何安排 11 月 21 日在伦敦举行的产品发布会？"

"访问这个地区的每家五金店的最简单方式是什么？"

"我如何安排这次晚餐的座次？有些人不想坐在一起。"

"我周三需要接送孩子上下学。做这件事的最佳方式是什么？"

"食谱很明确。但最终的结果不符合我的预期。我如何才能做好？"

- 我最终想得到执行指定任务的有效方式。

计划

制订计划是思考中一个重要的独立组成部分。复杂的事情都需要计划。比如，制订未来的长期计划或为下一个学校假期做计划，或者为某个晚上做计划，或者为建造一个大型主题公园制订计划。主题公园计划可能涉及建筑师计划和承包商计划，需要明确具体的细节，如混凝土的交付。

计划需要许多放映思维——展望未来并预测可能出现的问题。放映计划，看一下会发生什么。信息也是必需的。组织思考是必不可少的。

计划也是许多其他类型的思考的组成部分。即便方法已经确定，你也需要计划如何执行一项任务。你可能需要计划如何实施某个问题的解决方案。你可能需要计划如何执行某个新创意。

计划基于步骤和时间。有哪些步骤，如何安排时间？

"我们如何为搬迁做计划？"

"我们如何为抗议新建公路的游行做计划？"

"我们如何为控制花费做计划？"

"我们如何为争取边远地区的选民做计划？"

"我们如何制订暑期班的日程计划？"

"你如何为接管公司做计划？"

"我们如何为这次探险做计划？"

- 我最终想得到一项计划……

组织

"计划"和"组织"有很多重合之处，因为计划实际上是组织的一种特殊形式。

组织思考的特点是所有的部分都已存在。和创造性思考、问题解决和任务实现不同的是，组织思考中不存在未知因素。我们如何将这些部分以最佳方式组合起来？

我们可以尝试每种可能的组合方式，然后选择最佳方案。这会花费很长时间。因此我们设定"任务"和"限定条件"，然后在此基础上有序操作，从而简化任务。

　　和计划一样，组织也需要许多放映思维。我们需要想象和设想每种提案下可能发生的情况。

　　我们通常需要对优先级有一个清晰的认识。优先级是让尽可能多的人进入停车场，还是快速离开停车场？

　　尽管此时的思考目标可能是执行组织，我们还要牢记组织的"目标"。

　　比如，我们可能觉得在超市中货架应清晰标记，食物应摆放有序,从而尽可能减少顾客的走动时间。而研究表明大约80%的超市购物（在美国）都是冲动型购物。所以如果标记不清晰，顾客会四处走动，这样他们会买更多东西。

　　而结账流程的有序组织会让顾客更愿意在你的商店购物。停车场也是如此。

　　"我们如何组织圣诞节工作派对？"

　　"机场的行李处理组织需要关注。"

　　"我们如何组织书店中书的摆放？"

　　"归档系统需要采用不同的组织方式。"

　　"有了这些新的自动化焊机，我们如何重新组织生产线？"

　　● 我最终想得到一种组织方式。

选择

你可能有一些备选项，你需要做出选择。当在餐厅点菜时，你需要做出选择。你可能需要在两个工作机会中做出选择。当买车时，你可能需要选择颜色。你可能需要在两个狂热的追求者中做出选择。

有时候你为自己设定备选项，然后从中做出选择。在这种情况下，你在设计备选项时一定要慎重。不要满足于首先想到的明显选项。备选项的创造性生成是选择过程的重要组成部分。

选择是整体思考过程的重要部分。生成（PO）阶段产生备选项，在 SO 阶段做出选择。在我们当前所处的场景中，选择是思考的首要目标。

我们需要针对每个选项进行放映并展望未来。我们需要进行黄色和黑色思考帽中的评估思维。我们需要明确需求、价值和优先级。我们的选择需要实现什么目标？

"我们需要在两个度假地之间做出选择。"

"我们需要选择房间墙面的颜色。"

"我们需要从两个设计方案中选择一个作为公司的标志。"

"你需要选择你想要的玩具。"

"我们需要从两位申请者中选择一个担任我们的新市场总监。"

"你需要选择发布公告的时间。"

选择将我们从"可能性"王国带回到现实的日常生活和需求。

- 我最终想在这些备选项中做出明确选择。

决定

决定是选择的一种形式，或者选择是决定的一种形式。它们需要的思考大体相同。就决定而言，做决定的需求和立即做决定的需求是一项重要因素。我们需要充分考虑不做决定本身是不是决定的一种形式。

通常而言，选择会影响我们自身，而决定会影响他人。这一认识没有逻辑支持，我们很容易找到影响他人的选择和只影响自己的决定。

选择往往在备选项之间；决定往往涉及是否选择特定的方向。

和选择一样，我们需要考虑决定的优先级、价值、目标及后果。

"我们必须决定是否关闭这家工厂。"

"我们必须确定婚礼的宾客名单。"

"我们是否接受这一报价？"

"今年下午是否有人想去滑水？"

"我们是否已经决定采用这个新的广告片？"

"关于这个计划，我们是否已经做出了决定？"

"我们是否要卖掉这个房子？"

关于决定，我们需要明确决定的依据，这样将来如果你对决定的合理性产生怀疑，就可以参考当时做决定的原因。

- 我最终想得到关于这件事情的决定。

判断

"我需要对此做出判断。"

"我们需要评价这一提议。"

"这是不是流行病？"

"我们是否应该提高价格？"

"你觉得那是故意的吗？"

"作为一个女校长，她做得好吗？"

"你觉得这一季的时尚怎么样？"

"它尝起来如何？"

"这个酒好喝吗？"

判断是一个非常宏观的思考过程。与选择和决定类似，判断也发生在思考的 SO 阶段。我们对 PO 阶段的输出做出判断，然后决定如何处理它：接受、发展，还是暂不考虑（目前还是永远）。判断本身也是一种思考情境。

判断可能意味着识别和鉴别。这是否真的是流行病？这是否真的是军团病？在这样的情境下，有一些特征和标准可以帮助我们做决定。这些特征是否存在？

然后我们做出判断，这其中涉及评价。有时候这种评价是基于明确原则的意见。这是合法的吗？有时候评价更为主观。她做得好吗？这一设计是否具有吸引力？在这种主观性的评价中，通常存在五个级别：

1. 毫无疑问：它糟糕、恶劣，将被拒绝。

2. 它有很多不好的方面。

3. 中性：适当。

4. 它有好的方面。

5. 很好，将被选择。

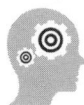

还有黑色和黄色思考帽下发生的判断，在这类判断中我们努力列出困难或益处。在这种情况下判断是逐项列出的。最终我们根据列表做出整体判断。

当我们决定是否做某件事时，我们需要做出判断。在这种判断中我们会考虑行动或不行动的后果。

判断可能是基于事实的客观判断，也可能是基于情感（如在红色思考帽中）和意见的主观判断。这个人能否融入群组？

判断不是做决定。判断过程会得出一个判断。这个判断将在即将做出的决定中发挥作用。

- 我最终想得到关于这件事情的判断。

沟通

在显而易见或日常的沟通中，我们不需要进行太多思考。而实际上我们往往想当然地认为沟通显而易见。

沟通方式能够带来很大的不同。沟通可能混乱不清、令人困惑。这可能带来真正的问题，或者至少沟通的接收方需要付出很大努力才能把事情弄清楚。税单就是一个非常典型的例子。电子设备说明书也是如此。此类说明书通常都写得非常糟糕，因为它们是由熟悉设备的人写的，对他们而言一切都是显而易见的。而对于刚买到设备的人而言，情况就不一样了。

糟糕的沟通会导致错误的印象或造成损害和危害。良好的沟通不但要避免导致错误的印象，而且要努力抵消某些人的错误印象。

沟通给人的印象应该是简单、直接、坦率、真诚。

这项任务涉及设计和创造力。有时候需要克服特定的问题。

"我们怎么告诉员工可能要裁员？"

"我们怎么告诉他这次考试他没及格？"

"这里有一些新东西。我们如何传达？"

"我们如何传达吸烟导致的健康风险？"

"我们如何设计这台新型烤面包机的说明书？"

"我们如何说明他离职是因为他被要求辞职？"

- 我最终想得到传达这件事情的良好方式。

探索

这是一种很常见和宏观的思考目标。你只是想探索某个领域。你没有目标，只是想更深入地了解这个领域。有时你的头脑背后可能有另一个更具体的目标，不过现在你只是在探索。

探索和收集信息发生在思考的 LO 阶段。不过探索可能是思考的全部目标。登月或探索巴布亚新几内亚的偏远地区的一个探索者的目标是探索未知世界。

当你的探索有了背景目标时，你就降低了探索的价值，因为你可能只注意对你的背景目标有价值的东西。真正的探索对一切都感兴趣——而不只是符合你的目标的东西。

"我想要了解关于在法国徒步旅行度假的信息。"

"我想要探索在中国经商的可能性。"

"请研究一下关于冷水养鱼的相关信息。"

"探索与创造力相关的一切。"

"了解省级艺术商的相关情况。"

之前谈到的一个思考情境涉及获取特定信息的要求。这是一种需要执行的任务。探索更为宽泛。我们想要获得关于某个领域的全部信息。显然，我们需要明确一个具体的领域，因为你不能要求关于一切的所有信息。领域的定义可能非常狭窄，在这种情况下"探索"和"信息任务"之间的区别可能会很小。实际上，探索是开放的，并不指定需要寻找的信息的范围，而信息任务会指定需要寻找的信息的范围。

- 我最终想对这个领域进行深入的探索。

整体改进

我们在前面谈到的一个"思考情境"描述了某个具体方向的改进：使某个东西更快、更简单、更便宜等。而这里所说的改进是从整体而言的。我们希望有所改进，但并不指定方向，也不知道改进会出现在什么方向。

显然，我们可以将整体改进作为一系列具体改进。我们可以设定一些具体的方向，然后在每个方向上做出改进。这将最终成为一系列问题解决实践。

整体改进更具创造性和开放性。我们并不知道最终的结果如何。改进可能存在于我们从未想到和指定的方向。当酒馆的卫生间条件改善时，女性的啤酒消费量会上升。没有哪个营销人员会想到以这种方式提升女性的啤酒消费量。

整体改进源于当前的做法可能还不够好这一认识。我们并不将此视为问题，而是创意实践。我们能得到哪些想法？然后思考这些想法能否带来改进，将以何种方式带来哪些改进。首先我们要有想法。

"我们如何让用餐时间更加有趣？"

"我们如何改进报纸？"

"我们如何改进电视上的新闻节目？"

"我们如何改进车的外观？"

"我们如何改进超市的布局？"

"我想改进警察的制服。"

"我想改进洗碗机。"

"我想改进家庭内的沟通。"

● 我最终想对某个特定的领域进行改进。

机会

大部分人都知道任何问题都可以转变为机会。但我们更感兴趣的是问题解决，而不是寻找机会。很少有人会真正坐下来思考机会。如果机会就在眼前，我们可能会对其进行评估，但这不同于积极地寻找机会。

对机会缺乏兴趣可能出于两个原因。机会意味着风险、麻烦和烦扰，这些都不是我们想要的。而且我们已经适应了当前的状态，并满足于现状。我们几乎没有改变的动力。

企业本应时刻寻找机会。就我的经验而言，事实并非如此。企业更专注于创造性地解决问题，而不是寻找机会。

我们可以寻找机会，也可以设计机会。我们可以从我们的优势和资产出发，看一下如何利用它们。我们也可以从市场和世界出发，看一下有哪些机会。在实践中我们也可以同时从这两端出发。

寻找机会的过程是开放的。我们不知道最终的结果如何。如果我们有一项特定的任务，那么这就成了一项任务："我们如何在俄罗斯销售糖果？"机会可能被定义为："我们还能在其他哪些地方销售糖果？"或者"对于我们的糖果产能，我们还能采取哪些其他做法？"

在寻找机会的过程中，我们往往需要一些注意力导向框架。我在《机会》（*Opportunities*）一书中给出了一些这样的框架。

- 我最终想得到（关于这个方面的）一些机会可能性。

变化（思考）

有些方面发生了变化：世界、市场或规定。我们想思考这一变化。它会对我们产生什么影响？它会带来哪些机会？

通常情况下，只有当变化给我们带来问题或直接明显的影响时，我们才会考虑它。在这种情况下思考的目标是刻意地探索变化。重点在于机会。对善于发现机会的人而言，任何变化都是潜在的机会。发生变化之后，事物的状态已经不同于变化

发生之前。

没有人会被迫以这种开放的方式思考变化。不过你可以"选择"以这种方式思考变化。

"这一变化会带来什么影响？"

"这一新规会带来什么机会？"

"英伦海峡海底隧道的开通对我们的旅行计划有什么影响？"

"这一地区铁路线的电气化会带来一些变化。我们如何从这一变化中获益？"

"大公司在裁员。这能够为我们创造什么机会？"

"北美自由贸易协会已经创建。考虑一下它。"

"孩子们都已经离开了学校。这会导致什么？"

- 我最终想从这一变化中得到一些想法。

平静、兴奋或快乐

我们可以考虑平静、兴奋或快乐。通常我们试图获得它们或更充分地享受它们。我们也可能希望将它们更多地注入我们的生活中。

这种思考涉及任务和设计。如果我们清楚我们和预期目标之间的障碍，也可能涉及问题解决。

这种思考的特点是目标或目的非常宏观。我们很难瞄准"快乐"。我们能够想到各种可以让我们快乐的场景或事情，然后我们对这些场景进行评估，看一下它们能否真正带来快乐。

考虑这种宏观的目标是没有坏处的。你将获得可能性，然后考虑它们，并最终对它们进行评估。

"我想考虑快乐。"

"我希望我的生活中有更多兴奋。"

"我希望我能享受更多平静。"

"我为什么不够快乐？"

● 我最终想得到关于快乐（平静、兴奋等）的想法。

应对变化

这不同于前面谈到的探索变化。我们这里要谈的是适应和应对直接影响你或你的组织的变化。有些困难和问题可能是明显的。其他的可能逐渐显现。原有的秩序可能被瓦解。原有的平衡将不复存在。你可能需要采取措施减少变化造成的损害。

我们可以预测变化造成的一些影响。我们可以设定结构以更好地应对变化。所有这些都需要思考，应对可能出现的意外

困难也需要思考。

这种思考是适应性思考，可能涉及特定的问题，可能涉及很多设计思考，可能还需要创造性思考，往往涉及计划。要想在冲浪板上保持平衡，你需要不断调整。没有哪种姿势能让你一直保持平衡。

"我们如何应对新的竞争威胁？"

"退休是很大的变化。我们需要做出调整以适应退休后的生活。"

"失业是很大的变化。我们需要思考如何应对。"

"背部损伤意味着我需要学习一项新技能。"

"从中国进口的大量廉价玩具对我们产生了严重影响。"

"市场发生了变化。已经没有多少小专卖店，只有少数大专卖店，如果无法进入这些大专卖店，你就会失败。所以它们可以压低你的利润。"

● 我最终想得到应对这一变化的策略。

规划梦想

如果梦想已经被规划出来，那么接下来就要通过"任务思维"思考如何实现这个梦想。但梦想从何而来？如何规划梦想？

规划梦想或大胆的任务是合理的思考目标。而难点在于不要为了让梦想更容易实现而降低梦想。如果梦想完全模糊，尚未成形，那么它可以作为梦想，而不是希望实现的目标。你可以规划一个无法实现，但能够激励你不断努力的梦想。这是一种设计选择。

规划梦想类似于设计一项任务或规划一个设计纲要。设想你的梦想中都有什么。

"我想考虑理想的生活方式。"

"我想确定对我而言理想的业务的特点。"

"我想从生活中得到什么？"

"我希望婚姻是什么样的？"

"谁是理想的客户？"

"什么是理想的居所？它有哪些特点？"

● 我最终想得到一个结构完善的梦想（任务或设计纲要）。

积极行动

在生活中，我们可以在问题和机会出现时做出响应，也可以积极行动。有时候年轻人以满腔热情出发前往遥远之地。他们不知道到了那里该做什么。他们生存下来，有时候还会取得成功。

积极行动需要一些勇气，但并不需要很大勇气。你可以深思熟虑以最大限度地降低风险。你可以准备退路，如果行动失败，你还有路可退。积极行动往往需要付出很大努力，因为你不能只是以惯常的"维护"方式随波逐流。在积极行动时，有时候你需要始终主动采取步骤。有时候积极行动意味着你转向另一个渠道，然后你在这一新的渠道中随波逐流。

你希望主动采取行动是因为没有任何进展。你希望主动采取行动是因为你厌倦了当前的状态。你希望主动采取行动是因为你受到了吸引和召唤。有时候你有明确的目的，行动变成了详细的计划。而有时候你先采取行动，看一下会发生什么，然后你再考虑接下来该做什么。

"如果你想得到一份工作，你需要积极采取行动。"

"没有什么进展——我们必须采取行动。"

"市场很安静。我们可以采取什么行动？"

"只是坐在家里，你就没有机会见到更多人。你需要积极行动起来。"

"让我们设计一些行动。"

- 我最终想得到一些行动。

结果、回顾和总结

在思考的 SO 阶段结束时，我们会得到一个结论、结果或总结。因此产生结果是每个思考过程的一部分。即便结果显示"关于这一事项没有达成一致意见，目前为止没有采取实际步骤"，这也算结果，也可能是很好的总结。

有时候思考的全部目的就是产生结果。会议的目的可能是持续记录会议、讨论或某个阶段的结果。这可能需要复杂的思考。需要涵盖所有的基本面，并进行归纳总结。这是一个提炼、浓缩的过程。

有时候真的没有结果，在这种情况下思考的目的是得出结果。这成了一项任务或设计过程。

回顾思考就属于这种思考。每过一段时间你需要坐下来对情况进行回顾。现在情况如何？取得了哪些成果？发生了哪些变化？有哪些问题？接下来会发生什么？

"过去几周我们所进行的思考得到了什么结果？"

"我想将我们的所有决定整合成一个综合的结果。"

"你觉得我们讨论的结果是什么？"

"我们应该回顾一下当前的情况。"

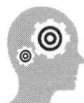

"你能否对我们在远东地区的投资做个回顾？"

"让我们总结一下我们所考虑的内容。"

● 我最终想得到一个结果（总结、回顾）。

中性方面焦点

这与问题解决或任务实现几乎完全相反。我们不知道最终将得到什么结果。我们根本不清楚我们为什么考虑这个问题。不过这是思考中的一个重要部分。

只有当思考具有明显的益处时，我们才会思考。这也是人们如此痴迷于问题解决的原因。而就任务而言，当任务实现时，我们会感受到好处。

而就中性方面思考而言，我们只是任意地关注一个方面，并决定对其进行思考。我们不知道我们能否从思考中得到任何好处。我们在这一中性方面发挥创造力，产生新想法。然后我们对这些想法进行扫描以发现潜在的益处，如果我们看到了益处，我们会将想法发展成为可用的想法。

许多事情总是保持不变是因为它们从来没有成为问题，因此也就从来没有吸引思考关注。投资者往往通过思考其他人从未思考的方面而获得收益。

你可以选择思考铅笔上距离书写端 6 厘米的某个点。为什么？因为你想这样做。没有任何其他原因。你可以选择关注在支票的什么位置写日期。为什么？因为你想这样做。

如果你没有得到任何好想法，你损失的只是一点思考时间。不过你锻炼了创造性思考技能，并养成了停下来思考的习惯。

"我想考虑交通灯的形状。"

"我想考虑在茶托上放茶杯的方式。"

"我想考虑银行贷款利息的支付方式。"

"我想考虑报纸标题。"

"让我们考虑一下公交车座位的设计。"

"让我们考虑一下超市折扣。"

- 我最终想得到关于这一特定方面的新想法。

白纸创意

在某种程度上这类似于中性方面焦点。没有问题。没有任务。无法获得可见的益处。你有一张"白纸"，你需要发挥创意。

你可能需要设计一个新标志，或写一首流行歌曲，或发明一种新的儿童玩具。

说没有目的是不确切的，因为中性方面焦点和白纸创意的

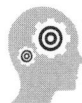

目的都是得到有价值的新想法。这当然是一个目的——不过是宏观的背景目的。没有具体的设计纲要。

白纸创意和中性方面焦点的真正区别是在白纸创意中，你被明确要求得出新想法。你真的从一张白纸开始。而在中性方面焦点中，你自己选择关注的方面，即便你的选择是没有原因的。在这两种情形中，创意是完全开放的。后面我们会谈到在这种开放的情形下需要用到的一些创意技巧。

"我想得到关于香水瓶的全新创意。"

"想一想为一个什么都不缺的人准备什么礼物。"

"设计一个新的优秀奖。"

"我们给这个新来的小狗起个什么名字呢？"

"设计一个新的成人游戏。"

"我想得到关于销售口香糖的新想法。"

"让我们设计一种新的银行服务。"

● 我最终想得到能够满足特定目标的一些新想法。

解释

你想查明某件已经发生或正在发生的事情的原因。你可能想寻找某个问题的原因。你可能在探究一个基本的科学原理或现象。你可能是一位正在调查某个案件的侦探。你可能在调查一个欺诈事件。你可能是一个年轻人，你想知道为什么你的女友离开了你。

你需要收集信息。你需要做出一些猜测或假设。你收集一些信息。你做出一个假设，然后收集更多的信息来支持或否定这个假设。在科学中你设计实验。你要合理利用假设，不过要避免受其限制，导致你的视野局限在假设范围之内。

"这里发生了什么？"

"我们想查明谁是作案者。"

"为什么吸烟的年轻女性多于年轻男性？"

"如何解释接头部分过热的现象？"

"那一船货物是怎么丢失的？"

"是什么导致她做出那样的行为？"

- 我最终想得到关于这点的解释。

展望未来

有些人的职责是展望未来。人们想了解变化、机会和威胁。如果你参与长期计划，你需要知道未来的长期趋势。还有些人展望未来是为了做决策。

许多事物都是现在或现在的趋势的延伸。现在的婴儿会长大，儿童会长大，工作中的自动化趋势会不断增强。人们会越来越富裕。路上的轿车会越来越多。人们出行会越来越多。我们根据当前的情况，判断什么会增加，什么会减少。我们甚至可以说两个事物整合起来会创造出第三个事物。

当然也存在不连续性，或者不是现在的延伸。我们需要发挥创造力来想象这些不连续性。你永远无法证明它们会发生。它们也许只是可能性。不过如果我们现在考虑它们，当它们真正到来的时候，我们就能够发现它们。

"20 年后工作会怎样？"

"城市会继续发展吗？"

"我们的孩子还想住这种大房子吗？"

"未来的环境会怎样？"

"50 年后会有核聚变吗？"

"作为工业国家，中国和印度会怎么样？"

● 我最终想得到未来的清晰画面。

危机

关于危机思维，重要的一点是时间压力。我们需要采取行动。

危机思维要求对当前的情况进行明确评估——并能够随着事情的进展改变评估。我们需要进行决策，并做出明确的指示。优先级至关重要，因为，为了保全某些方面，我们需要放弃某些方面。我们总是需要创造选项。我们还需要放映并想象接下来会发生什么。同时还涉及问题解决，不过往往不太容易消除问题的原因。设计前进的道路可能更加重要。

"水源被污染了，我们该怎么办？"

"约翰被卷入了一场糟糕的交通事故。"

"电脑死机了。"

"持枪者在银行内挟持了两名人质。"

"客人到了，但酒还没到。"

"玛丽在印度中部，她的钱用光了。"

- 我最终想得到应对这一危机的方式。

策略

策略不像计划那样详细。策略是一套指导方针。它们将被融入计划中去。关键的一点是指导方针保持不变，而计划可能会随着情况的变化不断调整。实施策略的方式可能发生变化，而策略却保持不变。

　　山姆·沃尔顿（Sam Walton）的策略是在竞争较少的小城镇提供系统化的购物体验。因此他建立起了美国最大的零售连锁店，并成了美国最富有的人之一。一个政治家的策略可能是积极提供帮助，并主动去做别人不愿意做的事情。

　　在制定策略时，需要考虑优势、劣势、机会及未来趋势。一家大企业可能说很难预测未来趋势，因此其策略是静观其变，然后根据情况快速采取行动。

　　"要赢得这场比赛，我们的策略是什么？"

　　"我们需要进入这一新市场的策略。"

　　"你能详细说明我们采取的策略吗？"

　　"这一选举需要明确的策略。"

　　"我们应该卖掉需要大量精力却没有未来的业务。"

　　"你找工作的策略是什么？"

　　● 我最终想得到一项明确的策略。

创造性思考

　　这里描述的许多情境都需要创造性思考。如"白纸"情境或"中性关注"都需要创造性思考。设计、任务实现、谈判、问题解决也需要创造性思考。创造性是思考的关键要素之一。其目的是创造新想法和新选项。

有时候我们需要针对一个关注点、情境、任务或问题进行具体的创造性思考。现在的重点不只是解决问题或获得一些充分的想法，而是在于之前未提到的"新想法"。

新想法一旦"创造"出来，就可以对其进行检验、改进、评估和使用。对创造性的刻意使用基于这一认识：当前的想法可能不是唯一的选择或最佳选择。

"我们需要一些关于假期的新想法。"

"我们能否想出一些更具创造性的烹饪方法？"

"我们必须想出针对青年市场的更具创意的方法。"

"我需要一些关于书的封面的新创意。"

"我们要给那个房间重新刷涂料。你有任何创意吗？"

"那家大商店的竞争让我们面临生存危机。我们需要采取具有创造性的特殊方法。"

- 我最终想得到一些新鲜的创意。

↘ 小结

这里列出的思考情境肯定是不完整的。我的意图是介绍一下各种不同的情境。每种情境都有一个预期的结果:"我最终想得到……"你需要明确你想要什么。只是模糊地感觉你在思考某件特定的事情是不够的。

读者会注意到,所有的情境可以根据不同焦点分为两类:

1．区域焦点

2．目标焦点。

区域焦点

就区域焦点而言,我们只是确定起点。我们想得到"关于这个区域"的一些新想法。这类的纯粹例子有白纸思维和中性方面焦点。我们只是确定我们的思考方向。当然总体目标是产生有用的想法,不过从来没有明确的任务或要解决的问题。机会思考可能是一种区域焦点;整体改进也可能是。探索是一种区域焦点。

区域焦点非常重要,原因有两个。区域焦点能够让我们思考任何事情。如果没有区域焦点,我们就会只思考问题和缺陷。

区域焦点的第二个优势是我们的思考不会被现有的想法局限。当我们有了"目标"时，我们实际上会将思考局限于这个目标。而就区域焦点而言，我们的思考是完全自由的。

目标焦点

这是更为传统的"目的性思考"。我们想解决某个问题。我们想实现特定的任务。我们想制订一项计划。我们想在某个特定的方向做出改进。就目标焦点而言，我们对目标有着比较具体的认识。"我想解决屋顶漏水的问题"与"我想得到一些关于屋顶的新想法"有着很大的不同。

↘ TO 阶段总结

为明确思考的"目标"所花费的时间是值得的。明确思考的目的并明确阐述。对其进行变更、重新定义，尝试替代选项，扩大或缩小其范围——不过一定要明确你最终决定思考什么。"TO"这个词表示"我想去哪里"。

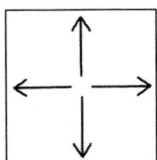

LO 信息阶段

Lo and behold（你看）

Lo/ok（看 / 好的）

Lay Out（安排，布置）

思维的 LO 阶段的符号显示箭头指向四个方向。我们观察各个方向。在 LO 阶段，我们收集信息作为思考的背景和基础。

只是写"收集尽可能多的信息"是很容易的。我们将在本节的最后谈到这点。遗憾的是，情况要比这复杂得多。

LO 阶段与"六项思考帽"框架中的白色思考帽相对应。这顶帽子与收集信息相关。

在 CoRT 思维训练课程中，有一节是关于信息与情感（CoRT

5）的。CoRT1 中的许多感知工具也可用于 LO 阶段。其中包括：

- CAF 考虑所有因素（Consider All Factors）

- C&S 结果和后果（Consequences and Sequels）

- O.P.V. 其他人的观点（Other People's Views）

思考无法代替信息。与其考虑从伦敦到巴黎的最后一架航班几点起飞，不如查一下时刻表或打电话咨询一下。

↘ 有信息就足够了吗

有时候我们思考的全部目的就是获得所需信息。我们需要考虑我们能够从哪里获得信息，信息的可信度如何。我们还需要一些信息，从而开始考虑去哪里寻找信息。

我们逐渐形成了这样的认识：有信息也许就足够了，只要收集越来越多的信息，我们也就不需要思考了。这一认识基于三大人物确立的习惯，同时也是学校和大学所倡导的。以前所有有用的信息都是可以教授的。所以学校和大学认为它们的职责就是教授这些信息。那样的日子早就一去不返了，然而学校和大学还是没有多大改变。信息容易教授，也容易测试。

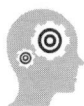

苏格拉底认为"知识就是一切",如果你拥有了知识,那么选择和行动就显而易见了。在一个假日里,你准备驾车穿过一座岛屿。如果你有一张公路线路图,你就更容易认路。如果你知道线路图是可靠且最新的,那么你的任务会更加容易。如果当地居民向你介绍了可选择的每条路的性质、交通状况及沿途景观等,你就很容易选择路线。当然,你可以将自己的价值观运用到这些信息中去。你是想选择风景好的路线,还是想尽快穿过这座岛屿?在这样的情境中,信息和价值观就足够了。你不需要进行太多思考。在许多情境中,只要有好的信息,思考就会变得没有必要或非常容易。所以我们思考的方向就是如何获得信息。

从亚里士多德开始产生了盒子或类别型思考。一个出了疹子的孩子去看医生。如何诊断?医生在头脑中搜寻标记为"儿童常见皮疹"的盒子。可能是晒伤,可能是过敏,可能是麻疹。每种情况都对应一个具有一系列特征的盒子。医生对照每个盒子判断这个孩子所表现出的特征。发烧了吗?晒伤或过敏一般不会引起发烧。于是医生选择了"麻疹"盒子并做出了诊断。这样行动就容易了,因为盒子外面也写着麻疹的治疗方法。

这样就产生了一个简单的系统。我们通过集体经验和个人经验衍生出"盒子"。当我们遇到一个事物时，我们就会判断它属于哪个盒子——行动取决于用于处理这个盒子的预先设定模式。这一识别系统实际上运行得很好，因为盒子是长期以来由有学问的人建立起来的，不过其他所有人都可以使用这些盒子。每个人并不需要自己建立盒子。教育传递着盒子。生活变得简单了。

这个系统存在两个关键危险。第一个危险是刻板印象和偏见，这会导致种族主义和民族冲突。第二个危险是根据以往经验总结出的盒子可能不足以应对不断变化的世界。

然而，这个系统运行良好。所以鉴别和识别的尝试可能是 LO 阶段的一部分。通常根据某个明显的特征将范围限定在一组可能的"盒子"；然后使用每个盒子的所有特征根据情况逐一检查。苹果不归入橘子的盒子只是因为它是圆的；我们检查颜色、形状和果皮的性质——以及气味。

当我们准备解决某个问题时，我们会努力获得尽可能多的信息。我们会寻找问题的原因，然后我们通过消除原因来解决问题。

因此有时候信息本身就帮助我们完成了思考过程。不过认为只要信息足够多就没有必要进行思考的认识是错误的。在本

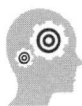

节的后面我将谈到为什么在有些情况下只有信息是不够的。

↘ 信息源

　　用得最多的信息源是我们自己的头脑。这意味着个人经验、正式教育的印记以及我们多年来通过朋友、书籍和媒体学到的知识。

　　现在得益于在线计算机系统和优质的图书馆，我们能够获得海量信息。学习如何利用这些系统以及明确寻找哪些信息现在变得非常重要。我们从不缺乏技术信息。而许多技术信息却对个人思考没有太大帮助。比如，一项研究表明女性比男性更真诚。这样的研究对你有帮助吗？没有太大帮助，因为这并不意味着你正在打交道的某位女性是真诚的，或者如果有一位女性和一位男性，女性会讲真话，男性会撒谎。统计研究对个体案例没有太大帮助。

↘ 问题

　　问题一直是从他人那里获得信息的典型方式。我们也可以使用问题从自己这里获得信息或引导我们对信息的搜寻过程。这是所谓的苏格拉底式的提问的基础，尽管苏格拉底主要是为了让听者赞同自己所表达的观点。问题是注意力导向工具，正如我前面提到的："将你的注意力转向这一事物，告诉我你发现了什么。"

　　问题分为两大类（如 CoRT 思维训练课程所述）：

　　1. 钓鱼式问题。

　　2. 射击式问题。

钓鱼式问题

　　在钓鱼的时候，我们将鱼饵放入水中，并不知道会发生什么情况。钓鱼式问题是开放的。

　　"参加聚会的有多少人？"

　　"什么物质耐腐蚀？"

　　"中国出口哪些农产品？"

射击式问题

在射击时，我们会对准某个特定的目标。我们不会朝天开枪，希望有一只鸟从此经过。所以射击式问题有已知的目标。它们是检验式问题。我们头脑中已经有了想法，希望对其进行检验。

"昨天晚上参加聚会的人是不是超过 20 个？"

"铝在淡水中是否耐腐蚀？"

"过去五年，中国的农产品出口量增加了吗？"

射击式问题的答案永远都是"是"或"不是"。你要么射中目标，要么射不中。

巧妙的提问往往是钓鱼式问题和射击式问题的组合。

↘ 信息的质量

有些事实可以被不断地检验。权威人物应该知道自己在说什么。有些事情是"已知"的，尽管你自己从来没有检验过。有的人被一些人视为意见权威，而在其他人看来却不可靠。

一般而言，我们倾向于接受事实而排斥其他一切。这是错误的。我们应该承认各种类型的信息，同时还要根据信息的质量给信息加上标签。你可以承认谣言的存在，但并不一定要相信谣言。你可以接受某个意见的存在，但并不一定要赞同它。我们需要培养这样的思考习惯：像照相机一样记录信息。

- 有低质量的信息……

- 有高质量的信息……

有时候你可能需要提出问题以确定信息的质量："你为什么这么说？"你不是要反对或驳斥某个观点，而是探究所提供的信息的依据。

↘ 感知

感知是思考中一个极其重要的部分。我们却往往忽视了这个重要部分，原因在于：

1. 我们如此痴迷于事实和可检验的事实，以至于排斥无法检验的主观感知。

2. 感知无所谓对错。感知的合理性在于其存在性。

3. 智者派强调了感知的主观性，柏拉图试图摒弃感知，转

向非主观的绝对真理。

- 我们的感知是什么？

- 所涉及的其他人的感知是什么？

无论我们是否喜欢，感知都是现实存在的。感知是我们看世界的方式，或者我们的头脑对我们当前所见的组织方式。如果人们的感知是一家商店比另一家更物有所值，这将引导他们的购物行为——即便事实并非如此。事实可以用于改变感知，但最终人们还是根据自己的感知行动。如果人们认为一个政治人物比另一个更不诚实和追逐私利，这将决定他们如何投票。这与基本的事实无关。

声称某个感知有错误因此可以被忽略是没有用的。感知是现实存在，无论正确与否。

在考虑某个问题时，我们往往需要扩大自己的感知。我们的视角是不是太狭隘了？我们是否遗漏了什么？只是"想"扩大感知是有帮助的，不过往往还不够。因此 CoRT 思维训练课程引入了一些很简单的注意力导向工具。

在设计椅子时，我们应考虑哪些因素？在规划假期时，我们应考虑哪些因素？买新车时，我们应考虑哪些因素？在任命新的市场部经理时，我们应考虑哪些因素？简单的 CAF

（Consider All Factors）工具让学生考虑所有因素。南非乡村黑人学校的八岁学童可利用这一工具"买一头奶牛"，资深高管也可利用这一工具重构计算机网络。

考虑行为的结果是评估过程（思维的 SO 阶段）的重要组成部分。不过关注已知的结果也是 LO 阶段的组成部分。开处方的医生需要清楚可能的副作用。CoRT 思维训练课程中的 C&S 工具要求特别关注行动的结果和后果。如果结果和后果是已知的，它们将成为信息输入的一部分。

大多数思考涉及其他人。因此我们的认知需要考虑其他人。实际上，我们的认知需要考虑其他人的不同认知。CoRT 思维训练课程中的 O.P.V.工具教我们将注意力转向其他人的观点（Other People's Views）。其他人如何看待这种情况？吸烟者如何看待餐厅内禁止吸烟的禁令？非吸烟者如何看待这一禁令？餐厅所有者如何看待它？餐厅的员工如何看待它？政治家总是要考虑其他人的意见和认知。

思考的 LO 阶段的目的不是试图改变认知。我们需要做的是明确这些认知究竟是什么，或者如果你不能确定它们是什么的话，弄清它们可能是什么。

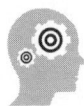

↘ 情感

有一种观点认为情感是主观且复杂的，因此不应在客观逻辑思考中发挥作用。这种认识是完全荒谬的。情感是真实存在的，并且在我们的思考中发挥着重要作用。最终是我们的情感使我们的思考结果具有了价值。思考的目的是服务我们的价值观和情感。这并不是说情感总是有帮助或合乎情理的。这是两码事。不过情感是真实存在的，因此我们在思维的 LO 阶段应注意和关注情感。

- 对于这件事，我的情感是怎样的？
- 所涉及的其他人的情感是怎样的？

在"六顶思考帽"框架中，红色思考帽要求一个人表达此时此刻对所讨论问题的情感。情感作为一个要素得到承认。如果家庭中的某个成员不喜欢汽车的某种颜色，这可能不会影响最终的决定，但这是其中的一个要素。

再次强调，在 LO 阶段我们不会针对情感展开辩论，也不会试图去改变情感。只记录情感就够了。

↘ 分析

分析是一种积极的活动，能够产生识别并产生更多信息。

复杂的事物难以处理，因此为了便于处理，我们将其分解成更小的部分。在有些情况下，这种分解程序能够产生我们可识别的部分。我们最终可能看到复杂的事物被分成了我们非常熟悉的部分。所以现在我们感觉我们能够理解这一事物了。如果没有分析，理解就会很难，因为我们只会根据已知的一切去理解事物。

分析是一种注意力导向框架。在其最简单的形式中，分析意味着将事物分解成各个部分。我们可以将一辆自行车"分解"成各个部分：轮子、框架、车把、链条、踏板等。这些部分组合起来就成了一辆自行车。

我们也可以分析能够增强自行车的吸引力的因素。在这种情况下我们需要更多地依靠感知。涉及的因素包括坚固性、是否易于维修、舒适度、是否易骑、安全性、防盗性、时尚性、价格、外观等。相对于车轮和踏板，这些都是无形的因素。

经济学家会分析通胀涉及的因素：货币供应量、货币周转速度、通胀预期、印钞、货币流通、商品和服务供应不足、无

竞争压力等。关于其中涉及的重要因素，各种因素之间的相互关系，以及如何采取干预措施，不同的经济学家持不同意见。不过分析是第一步，如果不对整个过程做全面分析，就很难确定该如何应对。

大学非常善于鼓励分析，而问题在于它们不太善于鼓励其他方面。

↘ 寻找信息

"获得尽可能多的信息"其实不难。在有些情况下信息量大大超出需求。每年出版的医学期刊的数量达到 33 000 种。科学信息每隔几年就翻一番。我们如何引导对信息的搜寻过程？

信息基本分为三类：

1．你知道的信息。

2．你知道自己不知道的信息。

3．你不知道自己不知道的信息。

第一类很容易。它指的是你拥有的知识。第二类更难一些。我们如何知道自己需要什么？我们如何确定我们应该拥有的信息?

一位侦探首先努力寻找所有可得的信息。然后他形成一个猜测、可能性或假设。这个假设现在引导着他寻找更多信息。案发当晚嫌犯在哪里?从血迹中提取的 DNA 与嫌犯的是否匹配?可能的动机是什么?在某种程度上最初的"钓鱼式问题"已经向一系列的"射击式问题"过渡。

可能存在一种持续性的过渡,从信息过渡到假设,然后再回到更多信息;然后假设发生变化,然后有更多信息,如此这般。这也是科学的运行方式。

所以有三个阶段:

1.一些基本信息。

2.假设和更多信息。

3.尝试挑战假设。

假设非常有用,没有假设,我们就无法思考。假设可能是正式的科学假设,也可能是简单的"猜测"。它们会引导我们对信息的搜寻过程。不过存在的危险是我们可能被假设所局限。我们最终只看到假设希望我们看到的方面。我们会忽视其他方面。所以最终我们需要挑战假设,并尝试其他假设。

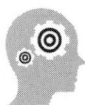

当屋顶漏水时，你"猜测"可能是排水管堵了，于是你将自己对信息的搜寻引向排水管。当电灯不亮时，你猜测可能是灯泡或保险丝坏了，于是你将注意力引导至这些方面。我们一直都在进行这样的猜测。如果没有这些猜测，我们什么都做不成。猜测可能是错误的。在帕萨迪纳市发生的闹钟事件中，我猜测是酒店的闹钟在响，于是我尝试去关掉它。我的猜测是错误的，因为是我自己的闹钟在响。

形成假设的能力是科学的本质所在。数据分析只是为了验证假设。不过在科学的教授中大部分注意力都放在了数据分析上，而不是假设的形成上。这是因为人们想当然地认为形成假设很容易。事实并非如此。形成假设需要发挥创造力并熟悉各种流程。

当我们确定所拥有的信息的缺口时，有时候基本的假设不一定明显。可能是缺少了某条明显的信息。例如，当销量下降时，我们想知道价格是否发生了变化，或者竞争对手是否推出了竞争性的产品。大多数情况下我们能够确定缺口是因为我们出于某些原因（假设）假定缺少的信息是有用的。例如，我们可能想知道竞争性产品的销量发生了什么情况。假设是这一类的所有产品的销量都下降了。我们可能想知道销量是突然下降还是逐渐下降的。如果是突然下降，可能是由负面宣传导致的。我们越善于确定我们所拥有的信息的缺口，我们所收集的信息就越有用。

现在我们来看第三种情况：我们不知道自己不知道的信息。寻找我们知道自己应该拥有的信息并不难。不过当你甚至意识不到其存在的可能性时，你如何寻找信息？我们可以通过两种方法解决这个难题。

第一种方法是设想极小的可能性，然后朝着这个方向寻找信息——即便你成功的可能性并不大。

第二种方法是让自己接触该领域的一些随机信息。如果你总是只寻找你想要找的东西，那么你就会局限于现有的想法。让自己接触一些随机输入信息，从而超越这些界限。这可能意味着参加其他行业的展会，阅读你通常不会选择的杂志，并与不同领域的人交流。跨学科研究的成功正是由于你需要接触一些你本来不可能去寻找的东西，因为你本来不可能想象到它们存在的可能性。

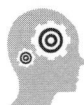

↘ 充分利用信息

福尔摩斯探案集中有一个很有名的故事，案件中最引人关注的一点是"案发当晚狗没有叫"。"狗没有叫"这点非常引人关注，因为这暗示出狗一定认识凶手。

读了杂志上的文章之后，我经常会与读了同一篇文章的人交流。我似乎是在和对方谈论杂志上的内容。这不只是记忆力的问题。大多数人在阅读时并没有真正提取文章所表达的完整意义。作者往往会在文章提供故事情节或信息。而最重要的信息往往与这些情节或信息无关。如果你只是关注情节，你就会漏掉其他信息。如果你的头脑中没有能够赋予这些信息以意义的框架或概念，你就无法看到其他信息。不过如果你一直在考虑这个问题，你的头脑中就应该有很多这样的框架。

你读到某些类型的犯罪活动减少了。你开始思考一些可能性：

"是犯罪的倾向性降低了吗？"

"是警察工作更出色了吗？"

"是由于报案之后没有任何结果，导致人们不报案了吗？"

"是犯罪的分类系统改变了吗？"

当你阅读报告的其余部分时，你可能注意到支持上述某个可能性的信息。

体会字里行间的言外之意和从信息中提取完整"推理"并非易事，不过这能够成为习惯。然后你发现在自己的头脑中存储了能够用于各种不同场景的有用信息。

模式是假设的更复杂形式。你的头脑中可能有关于经济或细胞膜的模式。你构建与已知数据相适应的模式。然后你在头脑中或计算机中运行这个模式，并观察会发生什么情况。这有助于你更好地了解可能发生的情况，还能帮助你做出预测，并检验这些预测。模式是这样运行的——让我们看一下真实的世界是否也是这样运行的。模式提供信息，不过我们是模式的构建者。模式还能够显示我们对系统的影响。然后我们试验这个模式，看看它是否可行。

你永远无法证明你的模式是真实或唯一可能的模式。你最多只能说你的模式符合我们对这个问题的全部认识，这个模式能够提供有用的结果。其他模式也能做到这点。作为自组织的信息系统，大脑中的神经网络的运行模式使正式的水平思考技能得以产生。然后这些技能开始独立运行。它们的价值源于其实用的"使用价值"，不过它们起源于模式。

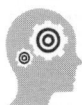

↘ 只有信息是不够的

我们现在回到我们在本节的开头谈到的话题。在许多情况下，有信息就足够了，信息本身就帮助我们完成了思考过程。不过有时候情况并非如此，在这种情况下这种认识会限制我们的思考。

当大多数人进入一个新领域，开展新研究或新业务时，他们想阅读与这个新领域相关的所有信息。他们想先吸收所有信息，然后再开始进行自己的思考。这是很常见的做法，不过这可能是错误的。

当你阅读了这个领域的专家提供的所有信息时，你的头脑就会不由自主地使用该领域的传统概念和观点进行思考。你很难产生新想法。的确，你可以挑战现有观点，并尝试相反的方向。不过你几乎不可能产生稍微不同的想法，因为你会很快被拉回传统思考的轨道上去。

那我们能采取其他做法吗？如果我们对一个领域一无所知，我们能进行有意义的思考吗？

我们可以先阅读该领域的一些信息。所获得的信息量应能够让我们对该领域形成"感觉"，基本了解该领域的"习语"。

然后我们停下来，运用自己的想法进行创造性思考。我们思考新的概念、观点和行为方式。然后回去阅读更多信息。然后再停下来思考。最后我们回去阅读所有的信息。这样我们就能够运用自己的想法思考这一领域。通过这种方式，我们能有更多机会形成新想法。这是纯粹的创造力。

有一种普遍存在的观点是如果你分析信息，就能产生新想法。事实并非如此。通过分析信息，你能够从自己的头脑中已有的标准观点中进行选择。你可能还会对一些标准观点进行整合。不过你无法"看到"新想法。头脑只能"看到"它准备看的东西。因此你需要在头脑中以推测、猜测、可能性或假设的形式开始想法。然后你通过这种猜测查看数据，看看数据是否支持猜测。

神经网络计算机会在数据中提取模式，不过它们不会告诉你这些模式的基础。有时候这并不重要。假设计算机告诉你养狗的人会买更多保险。如果你销售保险，你就会知道将狗主人作为目标客户是值得的。

在商界，人们使用大量市场研究预测一个新产品能否成功。市场研究适合现有情况，却不善于预测可能的情况。市场研究总是向后看，即便设定的问题是前瞻性的。当银行客户被问及

他们是否愿意从"机器"中取钱时，他们大多表示更倾向于人类柜员。不过安装了机器（ATM）之后，客户就慢慢习惯了，于是他们发现自己更倾向于使用机器，而不是人类柜员。当柜员不太忙的时候，柜员机前面还会排队。在日本，人们不太使用市场研究——他们喜欢先尝试新事物，然后让市场决定。一个人很难说清自己对尚未体验的事物会作何反应。

在较早的一本书，《五日思考课程》（ *The Five-day Course in Thinking* ）中，我提出了一些关于刀和瓶子的问题。我说可以使用四把刀。解决第一个问题只需要用三把刀。我收到了大量愤怒的来信，问我为什么在只需要三把刀的情况下说可以用四把刀。在学校里设定的问题中，我们习惯于获得解决问题所需的信息，当我们走出校门的时候，我们认为在每个情境中，生活都会为我们精心安排好所需的信息。遗憾的是，生活并非如此。有时候我们可能需要将一些信息放到一边，才能继续前进。这需要思考。

所以尽管有时候拥有信息就足够了，而在有些情况下，信息本身并不能帮助我们完成思考过程。我们需要创造力、假设并在设计中整合信息。

↘ LO 阶段总结

在思考的第二或 LO 阶段，我们收集信息、感知和情感。这为后续的思考提供了基础和要素。

有时候我们需要通过猜测或假设引导我们对信息的搜寻过程。我们需要记录信息，同时还要注意信息的质量。

有时候更多信息能够帮助我们完成思考过程。有时候信息本身不能帮助我们完成思考过程，我们需要形成想法、可能性和设计。

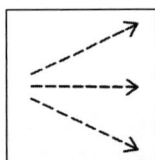

PO
有哪些可能性

Possible（可能的）

Potential（潜力）

Suppose（假定）

Hypothesis（假设）

Poetry（诗）

思维的 PO 阶段的符号是三个向前的箭头。三个箭头表示多种可能性。PO 阶段的目的是产生实现思考目标所需的多种可能性。然后这些可能性被输入 SO 阶段。在 SO 阶段，这些可能性被发展、评估和选择。符号中的箭头是虚线的，表示它们只是 "可能性"。在 PO 阶段，我们创造可能性。它们尚未被确认、检验或转化为行动路线或选择。

↘ PO 和可能性

多年以前我发明了一个新词，PO，它正式表明后面将出现激发。激发是一个陈述，我们明明知道它是错误的，却偏偏要使用它，目的是刺激我们跳出常规思考，以产生新想法。思考的 PO 阶段采用了这个词的广义，涵盖了"可能性"。

我在前面曾经提到，可能性系统是思考中一个极其重要的部分。它带来了几乎所有的进步，当然也极大地促进了西方文明在科学技术方面的进步。而遗憾的是，这个系统在教育中却往往被忽视，教育界似乎总是宣称进步源于分析和逻辑。然而对大脑的工作原理的认识表明分析和逻辑不足以让我们超越信息。不过三大人物的传统，再加上教会和法律界的辩论习惯，进一步强化了我们对这种局限性的思考形式的痴迷。

在科学中，可能性提供了推测性的猜测，我们将其称为假设。在技术中，可能性提供了梦想和愿景，我们为之而努力（如飞行速度比声音更快的飞机，或指甲大小的计算机）。

我们在本节的开头使用的所有词语（可能的、潜力、假定、假设、诗）都有"前向效应"。我们使用这些词语以"前"进。我们做出这些陈述是为了看看它们会将我们引向哪里（"运动"的过程）。在诗中，我们整合词语和意象，看看能产生什么效果。这完全不同于"散文"。散文旨在描述状态。散文描述事物的状态，而诗是关于可能性的。

我们的常规思考不喜欢"可能性"系统，这源于对其性质的误解。可能性系统带来了一些奇怪的神话和信仰，而它们无法被证实。人们无限丰富的想象力催生了无数的神话和信仰。于是人们开始相信这些神话是"真实"的。后来"科学方法"和"逻辑"产生了，声称你只能接受能够被"证实"的东西。于是可能性系统被抛弃了。在最糟糕的情况下，可能性系统声称除非你能证明一个事物完全错误，否则你就要接受它。你必须相信来自火星的小绿人曾经登陆地球，除非你能证明这种可能性不存在。

这种将"可能性"当成"事实"的错误带来了麻烦。可能性不是事实，也永远不应假装成事实。可能性是头脑中的框架，能够帮助我们向可能的事实前进。这就是假设在科学中的运行方式。即便我们暂时相信某个事实，我们也可以借助假设向更充分的事实前进。爱因斯坦以牛顿物理学为起点，而牛顿物理学在当时已经是非常完备的系统了。

可能性系统的支持者需要清楚可能性不是事实。可能性系统的反对者需要认识到这个过程是非描述性思考的动态过程的基本组成部分。

可能性永远都是创造性的。可能性总是从"现状"前进。可能性系统属于"六项思考帽"框架下的绿色思考帽。在绿色思考帽下，我们会提出新想法和替代方案，对现有的想法进行调整，提出可能性并尝试激发。

CoRT 思维训练课程的创造力部分是 CoRT4，包括刻意和正式的创造力工具，我们将在本节的后面讲到这些工具。

↘ 可能性的三个层次

我们需要了解可能性的三个不同层次。当我们把这些层次弄混时，我们就会陷入麻烦。这三个层次是：

1. 可能性。

2. 幻想。

3．激发。

想象你正站在一座正在燃烧的大楼顶上。考虑可能性的三个层次。

1．可能性：消防车可能正在路上。你可能被人用梯子或直升机救下。

2．幻想：你想象超人会从天而降来救你，或者有人会向你身上洒仙尘，助你飞到安全的地方。

3．激发：大楼可能会融化，并让你降落到地面上。激发的关键在于你根本不相信它，只是利用它寻找更实际的想法——大楼的某些部分是否会缓慢地倒塌？

↘ 建立联系

在思考的 TO 阶段，我们确定了我们想去哪里。此时，我们的思考目标应该是明确的。

在思维的 LO 阶段，我们应明确我们现在所处的位置。这包括我们拥有的信息，以及与该问题相关的感知和情感。

那么我们如何在我们现在所处的位置与我们的目的地之间

建立"联系"呢?

我们可以将建立联系的过程称为"问题解决""创造性成果""设计"或者其他。我们往往将其视为"问题解决",这是有局限性和危险性的。

我试图将这个过程简化为四个基本方法。这些方法的确存在重合之处,每种方法可能有很多变体。不过,在我看来,这是四个基本的方法。

在 PO 阶段的末尾,我们应得到一些可能性。然后这些可能性被输入 SO 阶段。在 SO 阶段,这些可能性被发展和评估,并最终确定一个切实可行的方法。

PO 阶段是思维的生成性、生产性和创造性阶段。

↘ 四个基本方法

1. 标准或常规解决方案。这些解决方案是我们可获得的,我们在头脑中搜寻合适的解决方案或前进路线。

2. 我们从关于需求的一般陈述前往具体的解决方案。我们还可以使用一般陈述,从目的地回到我们当前所处的位置。

3．创造性方法。我们刻意创造新想法，然后对其进行调整以适应我们的目的。

4．设计或组合方法。我们将不同的元素组合起来，以实现预期的目标。这些元素可能从标准来源获得或通过创造获得。

在有些思考情境中，这四个方法中的一个方法或其他方法显然是最合适的。例如，在"白纸"思维中，你被要求提出新想法，那么创造性方法是合适的，而常规方法不合适。如果思考的目的是获得信息，那么常规方法可能优于创造性方法。有时候在同一情境下可以同时尝试这四个方法。

思考者要始终牢记自己究竟在寻找什么。

1．你是在寻找能够帮助你到达目的地的任何解决方案吗？有时候任何解决方案都可以。你只是想达成某个目的。

2．你是在寻找好的解决方案吗？这意味着解决方案应符合你的需求；不会耗费太多时间、金钱或精力，并且有吸引力。所以你不想满足于首先想到的"适当"解决方案，而是寻找其他解决方案。

3. 你是在寻找更好的解决方案吗？你在寻找最佳解决方案，不过你要知道认为某个解决方案是"最佳"的，有点自以为是的味道。你已经有了可以采用的适当解决方案，不过你还在寻找更好的解决方案。你可能想寻找具有创造性的新解决方案。你想要不仅符合你的需求，而且还有一些"附加优势"的解决方案。如果你没有找到"更好"的解决方案，你还可以采用你最初想到的适当解决方案。

我们现在可以考虑这四个方法中的每个方法，在我们现在所处的位置与我们的目的地之间建立联系。

↘ 寻找常规

这是最常用的方法。对情境的常规响应可能是显而易见的。在这种情况下不需要太多思考。如果响应不太明显，我们需要进行一些思考，从而找到常规响应。

下午你想从伦敦去巴黎，你想知道怎么去。寻找信息的方式是常规。你查阅航班时刻表。你给旅行社打电话。这其中涉及思考吗？你可能需要思考现在哪个方法是最容易的。你的信息或 LO 阶段也很重要。如果你听说了英法海底隧道，你可能想向旅行社咨询一下相关情况。你不能通过查阅航班时刻表了解到这个隧道的情况。曾经合适的常规（乘飞机）现在可能已经不太合适了。

亚里士多德设定的传统的盒子系统正好符合这种常规——响应目的。我们对情况进行识别。明确情况之后，行动也就确定了，并与合适的"盒子"关联。有一个名为疹子的盒子。当医生将病情放入这一盒子之后，治疗方案就是常规和标准了。这一识别和鉴别的确需要思考。有哪些主要特征？我们应该看哪组盒子？我们能够做出哪些初步猜测、推测或假设，从而引导我们的搜索？

当我们觉得我们已经明确了情况（找到了合适的盒子），我们还需要进行许多思考。这一匹配的合适程度如何？我们如何获得所需的信息以确认这一匹配？有哪些特征不符合这一匹配？还有哪些其他可能性？

整个法律系统都建立在对常规的搜索之上。在成文法国家，常规是法典设定的原则，在判例法国家，常规是先前的判例。现在借助综合的计算机系统，律师能够全面搜索过去的判例。

　　法庭中有两类辩论。第一类是辩论被告是否犯罪。通过辩论判定被告是属于有罪盒子还是无罪盒子。证据被提出并进行辩论。人们会试图寻找"事实"。第二类是辩论确定行为属于哪个"盒子"。盒子包括法律、原则、先前判例等。哪个原则是相关的？我们是否有这样的案例？这种情况适用于哪部法律？当不同的原则或法律似乎都适用时，就会令人困惑。在这种情况下法官会寻找更细微的区别作为判定的基础。最终判定的性质是"这个在这个盒子里"。在一些国家，一些棘手的案件的判决将作为先例，这样未来其他法官在处理类似案件时可将其作为参考。一个新盒子就这样建立起来了。

　　心理学家喜欢创建类别、类型、性格群等。她是 A 型。他是 B 型。这不难做到。你创建问卷并逐渐选出能够最有效地区分群组的问题。下一步要难得多。这意味着什么？有用性如何？当我们给这些盒子冠之以一般名称时，如"智力""判断"或"创新"，就会出现问题。我们于是开始相信这些词的一般含义。所以我们认为智慧盒子里的每个人都是有智慧的，而不属于这个盒子的人都没有智慧。这个盒子是否涵盖了我们所说的智慧的全部含义，还是某个特定的测试所测试的那类智慧？我们再来看一下盒子的有用性。假定我们能够证明在某个特定的年龄男

性的数学水平高于女性。这是否意味着如果我需要一位优秀的数学家，我应该只考虑雇用男性？这完全是无稽之谈，因为存在很大的重合。这是否意味着我们不应该花费时间和精力为女性提供数学教育了？恰好相反，存在差异的原因似乎正是由于女性接受的数学教育质量较低。如果你发现自己在某个盒子里，你是否应努力跳出这个盒子？如果你属于"情感"盒子，你应该尝试培养思考能力。这种分类是有价值的，除非它让你更加偏重于情感而忽视思维。如果出现这种情况，分类甚至会起反作用。

英国人只采摘和食用一些常见的蘑菇，因为他们非常害怕采到毒蘑菇。法国人采摘和食用各种蘑菇，因为他们非常善于进行更细微的区分。他们有更多的蘑菇"盒子"可用。葡萄酒专家或香水"鼻子"创建了大量的"盒子"，所以他们能对味道和气味进行更细微的分类。

我们在前面已经提到分类和刻板印象的危险性。如果你相信所有苏格兰人都很小气这一泛化的说法，你就会留意这点，如果和你一起吃饭的人表现得好像不太愿意分担账单，你的刻板印象马上就会发挥作用。民族和种族问题源于分类太容易，这会导致谬见的产生并被广泛运用。

在大多数情况下，寻找常规是最有价值的思维方法。你需要拧螺丝吗？那就找一把螺丝刀吧。

分析

在复杂的情境中，往往没有盒子可用。有时候会创建一个盒子。通胀是涉及多种因素的复杂问题。不过当今的经济思维认为通胀可以被放到一个盒子里，处理方式是提高利率，从而减少货币供应量。这已经成为标准盒子思维，没有任何一个政府敢违背它。结果是处理通胀会导致严重的经济衰退。那么处理通胀的方式就不是限制货币供应量，而是经济衰退。不过没有哪个政府敢将衰退作为经济工具。

分析是一种工具，它可以帮助我们将复杂的情境分解为小的部分。这些小的部分更容易识别。实际上，我们会继续分解，直到将其分解为能够处理的足够小的部分。

我们分析"青少年"犯罪，得出的结论是缺乏就业机会是其中的一个因素。现在这成了一个熟悉的盒子。于是我们努力为青年创造就业。

我们分析城市交通拥堵问题，得出的结论是汽车驾驶员能够轻松、便捷地把车开到城市。于是我们转到了标准响应：让

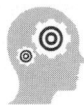

这个过程变得更难，更不方便。于是我们限制停车，或者把汽车拖走，或者对开入市中心的车辆收费，如新加坡。

分析的目的是将事物分解到可以运用标准响应的程度。就人类事件而言，标准响应是非常局限性的——"奖励"（激励）或"惩罚"（打击）。人们普遍认为对这两个标准响应的合理运用能够控制所有人类行为。

总之我们的分析思考非常好，因为这就是教育的目的所在。然而标准响应往往有局限性，存在缺陷并且过于简单，因为我们很少关注"设计"。我们认为借助分析过程，只需要采用简单的响应就足够了。这是当今的思考系统存在的主要缺陷之一。

相似性

分析是处理情境的一种方式，经过分析之后，我们就可以运用标准响应。另一种方式是相似性："这类似于……"

准政客被建议学习历史。当出现一种情境时，你就对自己说："这和梅特涅（Metternich）在什么什么时候面临的情况相似"或者"我感觉我们面临的情况和斯坦利·鲍德温（Stanley Baldwin）处理爱德华八世退位事件时面临的情况相似"。这提供了一个关于情境的思考框架，甚至提供了最合适的行动建议。

遗憾的是，时代变了，历史能够作为借鉴，同时也是陷阱。

我们还是倾向于识别经典"盒子"，因为这能够确定行动。这种倾向很容易理解。我们通过特定的历史或积累的历史知道这些标准响应曾经是可行的。所以如果我们能够正确识别盒子并运用标准响应，我们就一定能成功。这是医生治疗疹子或链球菌性咽喉炎所采用的方法。标准—盒子响应的替代方案是"设计"合适的行动。不过根本无法保证设计的行动能够成功。所以我们喜欢寻找常规解决方案也就不足为奇了。

在人际关系中，我们经常运用相似性。一个人让我们想起我们过去认识的某个人，于是我们相信我们能够理解这个人的情感和动机，并能够预测其行动。

转化问题

据说数学家会将他们遇到的任何问题转化成自己会处理的问题，从而解决问题。这是非常合理的策略。我们经常运用这一策略，从而运用"寻找常规"类的思维。分析和相似性是转化问题的方式，帮助我们将问题转化为我们会处理的形式。我们也可以通过重新定义问题直接转化问题。

在前面讲到的电梯运行缓慢的事例中，问题被转化为"不耐烦"。我们如何处理"不耐烦"问题呢？给人们一些事情做。于是我们在电梯口装了一些镜子，这样人们就会花时间看镜中的自己和他人。

三种思考情境

接下来我将给出三种思考情境，并将四种不同的思考方法运用到这些情境中。这些情境经过精心选择，以运用所有四种方法。选择一种创造性的情境却运用常规思考是没有太大意义的。

情境 A　停车场很小，人们来上班时抱怨无法进入停车场。

常规搜索响应　如果什么东西供应不足，就定量供应或拍卖。所以限制有权使用停车场的人的数量。或者按照"先到先得"的原则拍卖使用权。早来的人能够得到停车场的使用权。也许他们还能早点开始工作。

- 我们可以将这个问题交给用户，从而转化问题。让他们成立委员会，针对停车场的使用提出建议。

情境 B　有人新开了一家餐厅。餐厅的所有人希望餐厅能尽快盈利。所有人能采取什么做法？

常规搜索响应　人们会认可价值，只要质优价廉，你就会逐渐积累客户。如果人们听说了你的餐厅，他们就会前来光顾，所以雇用一个宣传代理。

- 我们可以将问题转化为首先提供现金流。所以建立餐饮服务，甚至家庭送餐以提供收入。

情境 C 城中心有一面墙，它似乎吸引了大批涂鸦者。墙上总是被人乱写乱画。怎么解决这个问题？

常规搜索响应 阻止麻烦制造者。抓一些涂鸦者并罚他们连续几周擦涂鸦。

- 我们可以将问题从阻止涂鸦者转化为避免涂鸦的持久性。比如，我们可以采用一种新型的无法书写的不粘表面。

↘ "整体" 方法

我在前面讨论基本的思考过程时强调了整体、宏观和模糊层面的重要性。这也是我们现在要探讨的方法。熟练的思考者和问题解决者始终使用这种方法。我甚至会说具有思考天分的人具有两个特点：他们的"整体"层面思考能力和"放映"能力。

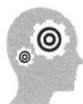

整体思考意味着概念层面的思考。有些人不喜欢也没有耐心进行概念思考。他们觉得概念思考是学术性的，有点不切实际。他们想要切实可行的建议。我现在该做什么？我在这种情境下该做什么？他们想要常规。他们想要可以在"寻找常规"类的思考中使用的常规。美国人对概念尤其没有耐心。他们想要行动。对于一个以开拓精神著称的民族而言，行动总是比思考重要。而如今思考比行动更重要——而美国人还是不太习惯运用概念和思考。

"寻找常规"和"整体"方法并不是完全分离的。最终我们的行为往往会成为常规。我们也可以使用概念寻找常规，主要区别在于思考的起点。

"我要拧螺丝。我需要一把螺丝刀。"

这是常规方法。

"我要拧螺丝。我需要能够和螺丝匹配并能够转动的东西。"

如果你手边有螺丝刀，可以使用螺丝刀，如果没有螺丝刀，你也可以考虑使用刀子、指甲锉甚至信用卡的边缘。

确定了思考的目标之后，我们以更为整体的方式描述我们"需要"什么。

"我需要一种今天下午去巴黎的方式。"

"我需要一种堵住屋顶漏水的方式。"

"我需要一种让缺勤更难的方式。"

有两种情境：

1. 在可以使用特定常规响应的情况下，我们选择以更为整体的方式陈述。所以我们不说"我需要知道从伦敦至巴黎的航班时刻表"，而是说"我需要一种从伦敦前往巴黎的方式"。这一更为整体的陈述能够让你有机会考虑英法海底隧道选项。

2. 在没有特定常规的情况下，我们不得不以更为整体的方式陈述："我需要一种将那张桌子折叠起来的方式。"

当然，我们选择的整体概念也能够将我们的思考引向特定的方向。在处理缺勤问题时，我们可以说：

"我想要一种能够让缺勤更难的方式。"

"我想要一种能够鼓励员工不缺勤的方式。"

"我想要一种能够避免缺勤影响工作的方式。"

"我想要一种能够在有人缺勤的情况下保证生产力的方式。"

"我想要一种能够在缺勤方面赋予员工群体责任的方式。"

我们可以通过一种整体的方式归纳以上各项：

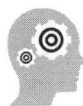

"我想要一种减少缺勤的方式。"

"我想要一种适应缺勤的方式。"

那么思考的总体目标就应该定义为"考虑缺勤问题"。

我们在本节的后面讲到概念扇形图时，还会继续探讨这个话题。

在陈述"整体"需求时，不必局限于一个需求。你可以陈述多个备选或平行需求。我们在上面探讨"缺勤"问题时就采用了这种方法。

考虑：

"我需要一把螺丝刀。"

"我需要一种拧螺丝的方式。"

"我需要一种移除螺丝的方式。"

"我需要一种让螺丝失效的方式。"

"我需要一种分离这些部件的方式。"

不同概念在广度或通用性方面有很大差异。在这个阶段，我们可以拥有广度不同的平行概念——即便一个概念可能包含其他概念。在概念扇形图流程中，我们将区分这些概念。

逆向思考

逆向思考是一种强大的思考方法，不过不太容易实施。在一些案例中，"逆向思考"可能是显而易见的。我想从伦敦前往爱丁堡。我知道如果我能到纽卡斯尔，就很容易从那里去爱丁堡。那我怎么到纽卡斯尔呢？如果我到了约克郡，就很容易从约克郡前往纽卡斯尔。那我怎么到约克郡呢？如果我到了彼得伯勒，就很容易前往约克郡。那我怎么到彼得伯勒呢？我很容易从伦敦前往彼得伯勒。于是路线确定了。问题解决了。

在有些情况下我们可以采用有条理的方法。如果我到了那个点，到达目的地的下一步就很容易了。现在那个点成了目的地，我怎样到达那里呢？

如果商品放在人们够不着的地方，就不会发生商店行窃行为。那怎样才能让人们够不着商品呢？将它们放在门后面，只有刷信用卡才能打开。或者让顾客指明其想要的商品，然后到收款台取货。

如果行窃者很容易被抓到，他们就不敢作案。我们如何告知行窃者他们会被抓到呢？使用摄像头，奖励抓住行窃者的其他购物者，公开被抓者的信息，都是实现这一目的的方法。

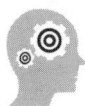

如果被偷的商品无法带出商店，行窃就失去了意义。我们如何防止被偷的商品被带出商店呢？我们可以给所有商品加上一种气味，并在收款台去除这一气味，或者在入口处安排一只凶猛的大狗进行检查。

从某种意义上讲，"逆向思考"是"问题转移"或"问题转化"的一种形式。

和商店行窃的例子一样，逆向思考往往需要一个或多个概念步骤。从某种意义上讲，概念扇形图是逆向思考的一种形式。我们能够从 B 点到达 A 点。那我们如何到达 B 点呢？从 C 点。那么我们如何到达 C 点呢？

我们接下来将探讨使用"整体"方法的另外两种方式。不过在此之前，我们先将第一个方面运用到三种标准思考情境中去。

情境 A 车位不足的问题。

"整体"方法 我们需要一个更大的停车场。这可能意味着扩大停车场，向上扩建、向下扩建或在一段距离之外建另一座停车场，并提供班车服务。

情境 B 新餐厅需要尽快盈利。

"整体"方法 要让人们尽快知道这家餐厅。制造一桩丑闻。

雇用长得像名人的人到该餐厅就餐。

情境 C 涂鸦问题。

"整体"方法 让涂鸦不可见。白天用幕布将涂鸦者晚上所作的涂鸦遮盖起来。

概念扇形图

这是"整体"方法的一部分。

我们在页面的右边写下我们的思考的目标。这必须是一个成就点——需要解决一个问题，需要完成一项任务，需要在某个特定的方向做出改进。概念扇形图并不用于设计或开放性的创意情境。我们需要明确目的地。

然后我们说：哪些宽泛概念（称为方向）将帮助我们到达这一目的地。假定我们正在处理受训员工不足问题。宽泛概念可能是：

- 增加受训员工的供应量。

- 减少对受训员工的需求。

- 提高现有员工的产出。

然后我们选取每个宽泛概念，并将其作为目的地。我们如何到达那里？我们如何朝着这一"方向"前进？

我们如何增加受训员工的供应量？

- 招聘受训员工。

- 培训员工。

- 使用外部受训员工（外包）。

我们如何减少对受训员工的需求？

- 降低工作的技术性。

- 实现自动化。

- 减少运营。

- 降低标准。

我们如何提高现有员工的产出？

- 通过激励措施提高工作效率。

- 延长工作时间。

- 始终利用他们的特殊技能。

- 充分利用他们的时间。

然后我们选取每个"概念"，并寻找实施这些概念的切实可行的方式。我们对每个概念都采取这种做法。现在扇形图中有了许多解决这个问题的备选方式。我们可以选取一些例子，而不是具体分析每个概念。

概念：培训员工。

- 想法：培训我们自己的员工。

- 想法：让我们自己的员工自行接受培训，并将工作承包给他们。

- 想法：与面临同样问题的其他人合作建立培训机构。

概念：实现自动化。

- 想法：利用专家系统进行决策。

- 想法：采用计算机控制的机器。

- 想法：进行电子扫描和文件归档。

概念：始终利用他们的特殊技能。

- 想法：给训练有素的员工配备个人助手，由助手完成不需要特殊技能的全部工作。

关于概念扇形图，两个关键问题是：

1．这是如何运行的？这个问题将我们引向扇形图的宽泛概念端。实际运行机制是什么？为什么公交车能够缓解交通拥堵问题？因为它们能够提高出行"密度"：单个交通工具能够承载更多人。

2．采取何种方式？这个问题将我们引向扇形图的想法或细节端。哪些具体的想法能够帮助我们将此付诸实践？我们如何实施这个概念？我们如何减少出行高峰？通

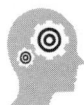

过调整工作时间以实现错峰出行。向人们发送高峰提醒，以避免高峰。

在概念扇形图中，一个点可能在许多不同的位置发生。例如，"不用水"既是应对水资源短缺的宏观方向，也是"减少消费"方向的概念。概念扇形图不是分析性的，因此同一个点可以无限次重复。

概念扇形图往往需要多个版本。你画出第一个扇形图，然后对其进行更改和改进，得到第二个版本。可能还会有第三个版本。这是一个强大的过程，不过需要练习。

在第一个"整体"方法中，我提到不同广度的概念可以并列。在概念扇形图中，概念是分层次的。第一个是宽泛层次或"方向"，然后是概念，最后是实际的想法层次。有时候"方向"和"实际想法"之间可能有不同层次的概念。每个层次都比前一个层次更具体。

我们可以将概念扇形图运用到三种思考情境中去，然后进入"整体"方法的第三个部分。

情境 A　停车场问题。

概念扇形图　宽泛方向可能是：

- 扩大停车场。

- 减少车辆。

- 减少停车场的使用。

- 让人们满足于现状。

我们可以分析上述每个方向，不过我们要以其中的一个为例：我们如何让人们满足于现状？

- 我们让他们决定如何使用。

- 如果他们不使用停车场，我们对他们予以奖励。

- 我们让运气发挥作用。

- 我们提供更好的替代方案。

我们让他们成立委员会，决定如何使用停车场。我们让他们投票选出替代方案。

如果他们选择放弃停车场的使用权，我们会付给他们更多的钱。如果他们不使用停车场，我们允许他们晚来（或早走）。

每个月抽签决定停车场的使用权。所以不存在特权或嫉妒问题。

我们为拼车做安排。我们为拼车购买小型巴士。我们安排前往火车站或其他停车场的班车。

情境 B　新餐厅情境

概念扇形图　主要方向可能是：

- 吸引当地顾客。

- 获得回头客。

- 吸引远客。

就回头客而言，概念可能包括：

- 会员。

- 永久优惠券。

- 特权。

就执行特权这个概念的想法而言，我们可以考虑：

- 总是保证下次能有座位或免单。

- 以人名命名桌子。

- 酒水打折。

- 无小费。

- 有权使用餐厅的场地聚会。

我们可以对每个方向作进一步分析，每个概念都可以进一步展开成实际的想法。这里只是给出了一些例子。

情境 C 涂鸦问题。

概念扇形图 整体方向可能是：

- 劝阻涂鸦者。

- 使涂鸦变得不可能。

- 使涂鸦更易于清理。

- 使涂鸦具有吸引力。

- 隐藏涂鸦。

我们可以选取"使涂鸦具有吸引力"这一宽泛方向。我们如何做到这点？

- 指导。

- 竞争。

- 许可。

我们如何实施"竞争"的概念？

- 想法：各个小组开展为期一周的竞赛，竞争墙壁的使用权。他们的参赛作品从草图阶段就开始展示。获胜者取得使用权。

- 想法：将墙壁分成不同的区域，个人以各自的主题参赛——每个区域一个设计。公众评选出获胜者。

- 想法：自愿清理墙壁最多者将获得同样时间的墙壁使用权。所以如果一个小组清理墙壁的时间为一个月，那么他们就获得一个月的使用权。

在所有这些例子中，我没有对每个概念扇形图作全面的分析，因为这样会非常冗长。概念扇形图的确很花时间，因为它

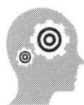

们范围很广。

概念扇形图的一大优势是它能给我们一些新的"思考目的地"："我如何做到这点？"

因此会产生级联效应，因为每个新目的地都会产生一些备选项，这些备选项也会成为目的地，从而产生更多备选项。

"某物"法——神奇之词

这显然是整体方法的一部分。

"我们需要用某物打开这把锁。"

"我们需要通过某种方式阻止商店扒手。"

"我们需要某物来强化这一支柱。"

"我们需要通过某种方式鼓励人们投票。"

"我们需要通过某种方式检测牙膏。"

我们定义某物需要完成的任务。我们可以采用整体的方式定义，也可以非常精确。

"我们需要通过某种方式制作出能够放在你常坐的椅子旁边的架子上的书，并配上适当的照明，这样你就无须动手了。"

如果我们能够找到这种方法，人们就能像看电视一样看书。

此时我想将一种"神奇物质"注入思考之中。

想象一种能够帮助你达成目标的"神奇物质"。我想把这种神奇物质倒在房顶上。它将找到裂缝并进行填补，这样房顶就不会漏水了。我想把一种神奇物质放到超市的商品上，这样如果商品未结账，入口处的大狗就会扑向窃贼。这种神奇物质会在结账过程中自动取消。一旦我们明确了神奇物质需要完成的任务，我们就会开始寻找或设计能够完成该任务的某物。是否有一种能够在结账处用紫外线取消的气味？我们能否设计这样一种气味？或者我们不取消这种气味，而是通过添加另一种气味来遮盖这种气味。

神奇的魔力是无限的。你可以要求神奇物质做任何事情。这些要求并不一定是合理或实际的。你不一定能够找到一种实际物质来完成神奇物质的使命。不过这能够开拓思维并创造新的可能。

我们也可以不说"神奇物质"，而是将其减缩为一个新词。

这个词是 pomat，代表"po-matter"（激发物质），指的是能够帮助你达成目标的神奇物质。

"我们需要一个能够根据咖啡的温度改变杯子颜色的pomat。"

"我们需要一个 pomat 标记闯红灯的汽车。"

"我们需要一个 pomat 将意大利面粘起来,这样我们就可以销售意大利面球了。"

"我们需要一个 pomat 作为汽车挡风玻璃的涂层,这样水就不会模糊我们的视线了。"

当然,不是一切问题都能够通过神奇物质解决。有时候我们需要一个"神奇系统"。在这样的系统中,一切都会如我们预期的那样发生。

于是我们创造一个词来表示这一神奇系统。这个词是 posys,代表 "po-system"(激发系统)。

"我们需要一个 posys 来区分经常购物者和偶尔购物者。"

"我们需要一个 posys,如果罪行更具相关性,将加大对这一罪行的处罚。"

"我们需要一个 posys 使在野党在民主制度中扮演更重要的角色。

"我们需要一个 posys 来处理常规购物,这样我们就不必为此费心了。"

现在我们来看一下"人"。有时候我们需要"神奇的人"来帮助我们达成目标。这些人既不是物质也不是系统——所以我们需要用一个词来表示这些神奇的人。

这个新词是 pobod，代表"pobody"（激发者）。

"我们需要一个能够寓教于乐的 pobod。"

"我们需要能够在餐厅进行夸张性模仿的 pobod。"

"我们需要愿意日复日一做常规工作的 pobod。"

"我需要一个愿意"永做第二，不争第一"的 pobod。"

"这个 pobod 能够快速判断一个人是否诚实。"

此外还有理想或神奇情境，在这样的情境中一切事物和人都安全按照你的意愿运行。

针对这种神奇情境，我们创造了一个词 postat，代表"po-state"（激发状态）。

"我想看到一个 postat，在这个 postat 中每个人都能从我们的成功中获益。"

"我希望看到一个 postat，在这个 postat 中每个人都能为一个解决方案做出建设性贡献。"

"我们需要一个 postat，在这个 postat 中每个人都能意识到现在的环境危害会影响子孙后代。"

"在这个 postat 中，人们在信任的基础上交换服务。没有金钱交易，没有欺骗。"

你刚开始使用这些新的神奇词语时可能感觉不适应和不自

然。读者起初可能觉得不用这些词也没有关系。的确是这样。不过当你习惯用这些词时，你会用它们代替普通词语。当你习惯用这些词时，你会发现自己能够做成你本来不适应甚至不可能做到的事情。

现在我们回到之前提到的三种思考情境。

情境 A 停车场问题。

我们需要一个 pomat 来缩小进入停车场的车辆的体积。这可能意味着为摩托车和自行车保障停车空间。这可能意味着为白天需要出行的人免费提供小型摩托车。这可能意味着在抽签确定停车场使用权时提高小型车的中签率。

情境 B 新餐馆需要尽快盈利。

我们需要一个 posys，在这个 posys 中，到餐馆就餐的任何人都会自动宣传该餐馆。我们可以给就餐者发放特制的围巾或人造皮毛帽子，这样其他人就会注意到它们。这些物品可以选用非常独特的颜色，如橙色或紫色。

情境 C 涂鸦问题。

我需要一个时刻坐在墙边且能把人吓跑的 pobod。也许我们可以在高处放一个摄像头。或者安装一个安全灯，当有人接近时就会亮起。或者配备录音装置，当有人接触墙壁时就会触发录音，也可以使用警报声。

关于"整体"方法的讲述已经接近尾声，这部分涵盖三个单独的标题。这种方法的三个部分有许多重合之处。

关于"整体"方法，关键在于我们以整体的方式陈述我们的需求，然后再到具体。太多的人限制了自己的思考，因为他们始终被告知在思考的每个点都要力求具体、精确。如果你相信这种说法，你就永远无法利用整体方法的强大力量。如果你不知道一个东西在哪里，你永远无法仔细观察它。你可以先确定整体方向，然后逐渐缩小搜索范围。

创造性方法

显而易见，当我们需要"新"想法时，"寻找常规"法是行不通的。

在开放式创意中，如当我们从"白纸"或"中性焦点"开始时，没有明确的终点。我们只是需要新想法。所以整体方法也是不可行的，因为没有"整体"意义上的需求。例如，概念扇形图只适用于有明确目标的情况。

当我们知道起点（区域焦点），却不知道终点时，就有必要采用创造性方法。我们想最终获得可用的新想法，不过它们可

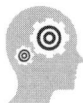

能是任何形式的。它们可能与我们最初寻找的事物完全不同。在这种情况下创造性方法是必要的。没有其他的方法可用。

创造性方法也可用于有具体问题或任务的其他情境。我们可能无法通过其他方法获得解决方案。或者即便我们获得了解决方案，却对此不满意，希望继续寻找更好的解决方案。

在使用任何方法时，我们都可能会停下来对自己说：我们在这里需要一些新想法；我们需要一些新颖的替代方案。然后我们将创造性思维用于这点。例如，在做"城市交通拥堵"的概念扇形图时，我们可能形成一个概念：奖励将车放在家里的人。就这点而言没有标准的常规方法，于是我们将此确定为新焦点，并运用创造性思维寻找奖励将车放在家里的司机的方式。

挑战过程

这是创意的最简单形式，不过需要很多训练。

在"挑战过程"中，你将注意力转向任何事物。你可以关注铅笔头，或者铅笔中间位置上的某个点。你可以关注铅笔的颜色、宽度、长度、材料等。然后你可以"挑战"常规的方式：

有三个基本问题：

1．我们需要做这件事吗？

2．为什么采用这种方式？

3．是否还有其他方式？

有时候我们可以直接进入第三个问题。

挑战永远不是攻击或批评。这是非常重要的一点。如果你将挑战用作批评，你只能挑战你发现问题的环节。这就大大局限了挑战过程。你必须能够挑战一切。如果你将挑战用作批评，就会有人捍卫你挑战的对象，你就要花时间进行辩论。

挑战说："这也许是最佳方式。这也许是唯一的方式。不过我想花时间探索其他方式。"

如果发现了其他方式，就要对其进行检验并与现有方式进行比较。

挑战是一种思维习惯和思维态度。我们每天都可以使用挑战。挑战可以用于其他任何 PO 阶段过程。在任何一点，你都可以"挑战"某个事物：难道一定要这样吗？

外部世界

挑战可以用于外部世界中的事物。你可以挑战物体或物体的部分。你可以挑战系统或系统的部分。你可以挑战情境或情境的部分。有时候你挑战的事物可能很小，很不起眼。你可以

挑战你解拉链的方式。你可以挑战支票上日期的布局。你可以挑战交通灯的形状。你可以挑战一本书的页面编号方式。(为什么不采用倒序呢？这样最后一页的编号就是 1——你就知道还有多少页要看。)

挑战的技巧在于：

1. 选择要挑战的焦点。

2. 正确运用挑战过程。

3. 你设计替代方案的能力。

内部世界

我们可以挑战外部世界中的事物，也可以挑战"内部世界"中的事物。这意味着我们可以挑战我们"当前思维"中的事物。这可能是你的当前思维，你所在的工作组的当前思维、你的公司的当前思维，或你所在的部门或行业中的每个人的当前思维。

- 我们为什么采用这种思维方式？
- 我们为什么必须采用这种思维方式？

我们可以挑战假设。我们可以挑战我们工作的界限。我们可以挑战主导我们思维的想法。我们可以挑战我们使用的价值观。我们可以挑战概念。我们可以挑战我们所做出的计划。我们可以挑战我们经常寻找的事物和我们经常避免的事物。

挑战意味着："让我们停下来思考这点。难道非要这样吗？"

"挑战"的使用

我们可以说出我们处理问题的常规方法或执行任务的常规方法。这种常规方法可能来自"寻找常规"方法或"整体"方法。

- 我们通常如何处理这种情况？

- 我们通常如何做这件事？

然后我们挑战整个方法或其中的部分：

"银行的自动柜员机必须随时都可用吗？"

"我们需要将超市的食品都放在货架上吗？"

"支票上需要有日期吗？"

"交通灯必须是可见的吗？"

"我们需要担心滥用吗？"

"我们需要一项覆盖所有失业者的计划吗？"

挑战也许能够让我们跳出不必要的界限或假设。挑战能够带来替代方案。

挑战也可直接用于"中性方面焦点"。例如，我们可以关注铅笔的中间部位。

"它必须要和铅笔的其他部分形状一样吗？"

"它必须是坚硬的吗？"

"它必须是可用的吗？"

"也许中间部位可以是灵活的，这样使用的时候就可以在手上弯折。"

"也许中间部位可以是特殊的形状。当你用完了一头，可以再从另一头开始用。"

这些只是想法的起点。我们现在可以将挑战过程用于三种思考情境。

情境 A 停车场问题。

挑战 为什么将停车场太小看成问题呢？为什么不将其作为优势呢？根据员工的表现或同事评价，只有表现最佳者才有权使用停车场。这样停车场的使用权就成为了一项激励措施。

情境 B 新餐馆。

挑战 为什么只考虑卖饭呢？可以考虑卖特制的熟食。可以考虑卖餐具（盘子、杯子等）。

情境 C 涂鸦问题。

挑战 为什么要去掉所有涂鸦呢？只去掉难看的涂鸦，留下好看的涂鸦。这将提高标准，并能够为墙壁获得免费装饰。

激发

我们现在来看一下激发原理。这是水平思考和创意的基本原理。

作为自我组织系统，大脑创建了思考运行的正常模式、顺序或轨道。这是大脑的优势所在，如果没有这些常规轨道，我们就无法正常生活，因为每件小事都要从零开始。不过这些轨道也有岔路，而我们无法从常规的轨道到达这些岔路。这是一种单向系统。如果我们能够"通过某种方式""水平"移向一条岔路，我们就很容易找到返回起点的道路。

这是创意的本质。这也是你看到的所有有价值的创意都符合逻辑的原因。这也是幽默的基础。在幽默中，我们被带到岔路，然后立刻看到"回路"或幽默的逻辑。

这种跨模式的"水平"移动导致了"水平思考"的产生。我们不是在同一个方向上努力，而是水平移向新的概念和新的感知。

不过我们如何进行这些水平移动呢？挑战和改变的意图是有帮助的，但是还不够。因此我们需要"激发"。激发提供一块踏脚石，这样我们就可以跳出常规的轨道。一旦跳出了常规轨道，我们就会寻找其他轨道。

在正常的生活中，你说的任何话应该都是有原因的。首先有原因，然后得出结论。

而在"激发"中，你所说的话是没有原因的，只有说了之后，才有了原因。激发能够激发有用的想法，然后这些想法证明激发的合理性。

"激发（PO）：汽车的轮子是方的。"

这是一个激发。就我们对轮子和汽车的常识而言，这是完全不合理的。不过从该激发中我们移向"智能悬架"的概念。在这种情况下悬架根据需求做出响应，这样车轴就会根据地面状况运转。即便地面崎岖不平，汽车也能平稳运行。

PO 是我多年以前发明的一个词，表示正在使用激发。你可以认为它代表激发运行（ Provocative Operation ）。PO 表示："后面是一个激发。"

存在河流污染的问题。随着来自不同工厂的污染不断累积，河流污染越来越严重。于是我们想出了一个激发：

"PO：每家工厂都必须在其自身的下游。"

这听起来是不可能的。一家工厂怎么可能在其自身的下游？不过这一显然不合逻辑的激发带来一个简单的建议。通过立法规定每家工厂的进水口必须在其出水口的下游。这样工厂就会关心其排水，因为这是其自身用水的一部分。我得知这个建议现在已经成为一些国家的法律。

我们的正常思考要求我们在每个步骤中都要做到合理。创造性思考则不同。我们使用根本不合理的刻意激发。

运动

如果没有运动过程，激发是无用的。我们在本书的开头部分谈到了这个过程以及一些基本过程。"运动"意味着从一个想法或陈述向前推进。

我们要认识到"运动"与"判断"截然不同。判断是将新事物与我们过去的经验和经验盒子做比较：这是否正确？运动并不关心事物是否真实、有效或正确。运动只关心从激发向有用的事物"前进"。

对于那些有头脑风暴经验的人，我还要强调的一点是运动是"活跃"的头脑运行过程。延迟判断、推迟判断和抑制判断都缺乏活力。运动是活跃的头脑过程。我们可以培养运动技能。

有时候只要有从激发前进的"意图"就足够了。不过有时

候我们可以尝试一些正式的运动方法。

1. 从激发中提取一个原理、概念或特征。选取一点，忽略其他方面。围绕这个原理构建想法。

2. 关注激发与常规的区别。围绕该区别的某个方面构建想法。

3. 想象、设想（放映）这一激发付诸实施后的情况。观察每个时刻发生的情况。通过观察产生一些想法。

4. 选出激发的积极方面，然后努力将其变成新的想法。

5. 寻找激发能够产生直接价值的一些特殊情境。

在培养"运动"技能的过程中，你会发现自己使用这些不同的过程，并能够从几乎任何激发实现运动。

我所著的《严肃的创造力》（*Serious Creativity*）一书对所有这些过程和创造性思考的方方面面进行了更深入的探讨。

创建激发

运动是我们对激发的处理过程。那我们一开始如何创建激发呢？

在讨论或阅读的过程中，可能会产生一些想法或建议。你的自然倾向是对这些想法或建议进行判断，如果它们看起来不合理，就抛弃它们。你现在有了其他选择。你仍然可以认为这些建议不合理，不过你现在可以选择将其作为"激发"。所以你可以将其创建为激发（在其前面标记"**PO**"），然后使用运动向新的想法前进。

如果你愿意的话，你可以将任何产生的想法作为激发。提供想法的人是否知道激发并不重要——这是你的选择。

还有一些创建激发的系统性方法。

1. 摆脱。我们说出在这种情境下我们认为想当然的事（这永远不可能是消极的）。然后我们取消、否定、抛弃或去除我们认为想当然的事。例如，我们"想当然地认为"出租车司机都熟悉道路。于是我们的激发是"**PO**：出租车司机不熟悉道路。"从这点我们向"学习者出租车"这个想法运动，我们通过某种方式对这类出租车进行标记。只有熟悉城市道路，能够给其他司机提供指导的司机才能使用这些出租车。这意味着学习者司机能够在学习过程中获得一些收入。

2. 反向。我们选择事物发生的"正常方向"，然后对其进行反向或转向相反方向。激发"**PO**：汽车的轮子是方的"就是这样的例子。我们通常的认识是汽车的轮子越圆越好。在这里我们反其道而行之，把车轮做成方的。

3．夸张。我们选取某个维度或度量，然后向上或向下夸张，使其超出正常范围。激发"PO：警察有六只眼"引发了1971年全民监视这一想法产生。

4．扭曲。我们列出关系的正常顺序或模式，然后刻意对其进行更改、改变或扭曲。激发"PO：先寄信后封信"似乎是不可能的，不过这带来了一个有趣的想法。你不封信或在上面贴邮票。一家邮购商店在你的信中放入宣传册或传单，然后支付邮票并封信。这是由邮局安排完成的。

5．诉愿。我们对自己说："激发：如果……不是很好吗？"这应该是一个幻想，而不是简单的愿望。我们不应该期待它会发生。这不是我们可以为之努力的目标。激发"PO：工厂应该在其自身的下游"就属于这类。

创建激发应该是一个刻意和机械的过程。你永远不要因为一个激发看似太奇怪、太不可能而摒弃它。如果你的头脑中已经有了解决方案，在向目标前进的过程中不要选择激发——你无法在这个过程中获得任何激发。

学习水平思考就像学习骑自行车。刚开始动作看似很笨拙，与你的自然行为相反。人怎么学会骑自行车呢？通过不断练习和学习，一切变得越来越容易。最后你还会奇怪自己当时怎么就那么笨呢？不过你的确需要努力。此外还有认证培训师提供的正规培训课程。

我们现在来看一下如何将这些激发过程运用到三种思考情境中去。

情境 A 停车场问题。

激发 "PO：每辆车都自带停车场（不是很好吗）。"我们从这点移向获得附近停车场的永久停车券这个想法。我们甚至可以运动至更极端的想法：车顶自带钩子，这样就可以在合适的场地将其提升到空中——从而实现空中停车。

情境 B 新餐馆。

激发 我们想当然地认为餐馆供应饭菜。所以摆脱类型的激发是"PO：一家没有饭菜的餐馆。"从这点我们移向优雅的"室内野餐场地"这个想法。顾客会自带野餐篮子。餐馆可以提供餐具、洗涤服务甚至饮料。餐馆可以收取服务费。

情境 C 涂鸦问题。

激发 "PO：涂鸦写得很小"（夸张类激发）。这将带来将它们投射到墙上的想法。这将带来将某物投射到墙上以隐藏涂鸦的想法。例如，不同颜色的灯可以中和涂鸦的颜色。如果涂鸦无法被看到，人们涂鸦的热情就会大大降低。

随机输入激发

这是另一种激发形式。它也是所有水平思考技巧中最简单的一种。

随机输入尤其适用于"白纸"创意。你被要求提出创意，却不知道从何开始。如果你感觉自己已经穷尽了所有可能的想法，却总是回到同样的想法，你也可以使用这一方法。当你的思维陷入停滞，随机输入也可以让你的思维重新活跃起来。

科学史上有无数这样的例子，显然随机的事件激发了重要想法。我们都知道牛顿发现万有引力的著名故事（真实性不确定）。当牛顿坐在林肯郡伍尔索普的庄园里读书时，一个苹果落到了他的头上，于是触发了他对重力的思考。还有许多其他类似的故事，随机事件让某个一直在思考某个问题的人突发灵感。而关于这种现象的解释却非常简单。

随机事件能够让思考者的头脑从另一个点开始。从另一个点开始能够让头脑使用另一个轨道思考问题。这个轨道将成为可用的新鲜想法。在大脑中形成的非对称模式中，从另一个点开始能够带来完全不同的想法，因为头脑不再局限于常规思考。

在实践中，我们如何得到这个新的起点呢？

这就要用到"随机输入"了。新起点的最简单形式是"随机词语"。(使用名词是最简单的形式。)随机词语也可能是物体、图片或任何其他事物。

重要的一点是随机词语在任何意义上都不能被选择。如果被选择，选择的框架将反映我们的常规思考。

一个简单、实用的方式是列出 60 个名词，然后看一眼你的手表。选取"秒"针的位置。如果秒针指向 24 秒，就选择列表上的第 24 个词语。这样确定的词语与主题没有任何相关性。

这时候逻辑学家就会非常担忧。他们指出如果这个"词语"与主题没有关系，那么任何词语都可用于任何主题，这怎么可能产生有用的东西？

这就有必要了解，至少在宏观层面上了解大脑的运行方式，从而设计刻意的思考工具。作为极为简单却强大的工具，随机词语直接源于对模式系统的认识。

一个住在小城中的人出门时总是选取同样的路线。这条路能够让他到达他想去的任何地方。有一天，他的汽车在小城的郊外抛锚了。他不得不走回家。他想找到最直接的路线。于是

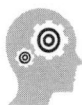

他向人问路。他发现自己从一条他从未想到过的路回到了家。这没有什么神奇之处。中间是他一直走的主要道路。在外围有许多可能的回家路线。如果你从外围开始，开拓新路线的机会就会增加。这就是随机输入方法的逻辑解释。

在实践中，这种方法很容易使用。你有主题或思维需求，你获得一个随机词语，你使用"PO"将它们联系起来，表示激发。

"复印机 PO 鼻子"带来了将"气味"作为指示的想法。如果复印机没纸或墨粉了，它就会释放一种特殊的信号气味。附近的人就会赶紧补给。气味的优势在于你不需要看机器上的指示。

你永远不要因为你不喜欢第一个词语而尝试多个随机词语。也不要移向下一个词语。也不要首先列出这个词的属性。也不要从一个关联跳向下一个。在这些情况下，你不是在使用随机词语的"激发"性质，而只是在寻找"捷径"。

我们现在来看一下如何将随机进入法用于三种思考情境。

情境 A 停车场问题。

随机激发 随机词语是"亮片"。显然这个词语永远不会被选为与停车场问题相关的词。亮片之所以能够发挥作用是因为数量多。所以把停车场划分为不同的部分，为每个部门分配一个部分。让他们自行决定如何使用分得的部分。

情境 B 新餐馆。

随机激发 随机词语是"阴影"。这直接让人联想到皮影。皮影戏最适合餐馆，因为占用的空间很小。我们也可以将这一想法扩展到戏剧餐馆，这样戏剧和餐馆都能得到宣传。阴影也使人联想到如影随形。所以餐馆可以尝试以新菜单或新菜品的形式向老顾客发送定期提醒。也可以向老顾客发放优惠券，这些优惠券可直接使用，也可作为礼物赠送给他人。

情境 C 涂鸦问题。

随机激发 随机词语是"比基尼"。这立刻让人联想到如果墙上有迷人的东西，人们就不太可能毁坏它。另一个建议是将墙壁变成广告位。销售广告位的组织就有责任监控墙壁并使其保持整洁。这也适用于部分墙壁作为广告位的情况。

关于思维的 PO 阶段的创造性方法，我们已经讲完了。和往常一样，PO 阶段输出的是想法和可能性。它们将 LO 阶段确定的起点与 TO 阶段确定的思维目标联系起来。

我们接下来讲 PO 阶段使用的第四个也是最后一个方法，即"设计与组合"。

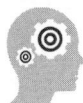

↘ 设计与组合方法

这是思维的 PO 阶段使用的第四个也是最后一个方法。

设计与组合方法将事物整合起来以实现思考的目标。这不同于寻找常规方法，因为在寻找常规方法中，行动已经规划好并预先设定。在整体方法中，我们从宏观陈述的需求细化到实施该需求的具体方式。在创造性方法中，我们生成想法并对其进行修改以适应我们的目标。

设计与组合方法是建设性的。我们将事物组合起来。产生的东西可能是新的，从这个意义上讲，这个组合是创性的。不过被组合的部分、要素或元素本身并不一定是新的。字母表中的标准字母可以组合成许多词语。这个方法中使用的一些元素本身可能是新的，或者整体概念可能是新的。

一位建筑师有一份"设计纲要"。建筑师被要求为某个特定的场地设计一套房子。房子应该有三间卧室、一间大的家庭工作室、一间视野开阔的厨房、一个可以容纳两辆车的车库、一间大娱乐室和许多储藏空间。建筑师可以查看标准设计书，并选择最接近的设计。这是"寻找常规"方法。更常见的情况是建筑师会将已知的元素组合成一个设计，以实现设计纲要。在这个案例中，建筑师可能只需要将元素组合成一个和谐的设计。

一位服装设计师想设计一个整体的"外观"。然后这位设计师尝试不同的方法以实现这个外观。一些方法可能源自传统服装，一些可能来自设计师过去的经验，一些可能是新的尝试。有一定量的试错。一位好的设计师能够"放映"并想象事物可能的样子，而不是形成每个想法。

列出需求

一种设计方法是列出需求。这能够为最终结果提供一种框架。然后设计师填充这个框架。

每个需求都可以单独满足。然后这些单独的元素被组合并设计成一个和谐的整体。这个过程类似于上面谈到的建筑师。如果我们为残疾人设计移动椅，"需求清单"可能包括：

- 安静。

- 无污染。

- 容易补充能量。

- 易控。

- 容易上下。

- 动力足。

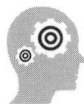

- 体积小。

上述许多要求让我们立刻联想到电动马达。电动马达安静、无污染、动力足、易控、容易补充能量、体积小等。到现在为止，这个过程类似于"寻找常规"。然后椅子部分围绕马达构建。这里就要用到设计了。限制条件和重要因素，如"安全性"被纳入考虑范围（CoRT 思维训练课程中的 CAF 操作。）

如果你设计选票，可能需要满足以下需求：

- 易于理解。

- 最大限度减少字数。

- 视觉传达。

- 标明选举对象。

- 明确选举人要在标准位置做出意愿性响应。

- 易读（能够机读）。

- 难以损坏，除非故意为之。

- 难以伪造。

然后设计师会试图将所有这些要求融入设计中。某个点可能需要一个新想法。这将成为一个"创造性思考"焦点。例如，针对视力差或不识字的选民，我们如何以视觉方式标明候选人？

最高优先级

我们选择一个或两个优先级，然后围绕它们进行设计。例如，我们可能确定避免混淆是选票的最高优先事项。于是我们开始设计明确、清晰的选票。满足了这点之后，我们再添加其他需求或修改初步的设计以符合其他需求和限制条件。

首要优先级的选择取决于设计者。可能这些事项的确是设计纲要中的最高优先事项。或者这些需求可能是最难满足的需求，于是我们可以将所有注意力放到这些需求上，然后再看那些更容易满足的需求。新快餐设计师首先考虑成本因素。如果拟议食物价格太高，设计就毫无意义了。可以在后面加上口味和便利性因素。"健康食品"设计师首先要关注的是"健康"方面。如何才能设计出名副其实的健康食品？

在设计假期时，首要优先级可能是天气。或者可能是天气和成本。另一个优先级可能是满足最爱抱怨的人，否则这个人会毁掉整个假期。

概念第一

有时候设计师可能首先需要考虑整体概念，然后再看如何将不同的需求与之连接起来。就主题公园而言，整体概念是显

而易见的。在设计书柜时整体概念可能是"简朴严肃"或"轻盈"或"色彩丰富"。无论如何，设计都必须足够强大，以满足摆放书的需求，同时还要满足特定的尺寸要求。

概念可能是原创的，也可能借鉴其他的来源。在服装设计中，可能有整体的"季节外观"，而不同的设计师会以各自的方式演绎。汽车的设计也有类似的潮流。

在设计菜品时，可能也有整体概念，例如，"地中海风味"，或"冒险"，或"传统"，或"新式烹饪"，或"幼儿餐"，等等。

设计师可能向由概念决定的"整体"目标前进，然后对结果进行调整，以满足设计纲要的需求。著名的建筑师通常采用这种方式。他们的作品都有自己独特的风格。不过所有要求的元素都包含在最终的设计中。

平行输入

从理论上讲，谈判应该是经过设计的输出，而不是争夺地位的战争。最终的设计应充分考虑到各方的价值观、需求和担忧。他们的感知应该被充分考虑。

要实现这种设计，首先要平行列出一切。在每个点上争论一套价值观比另一套价值观更优越，或者一个感知比另一个感知更正确是没有意义的。

"六项思考帽"框架受到商界的普遍欢迎是因为它提供了一个简单的建设性设计框架。我们如何设计前进的路线？这完全不同于通过争论谁对谁错得到一个输出。

在白色思考帽下，所有信息都被平行列出，即便信息可能相互矛盾。

在黄色思考帽下，大家感受到的益处和价值被平行列出。

在黑色思考帽下，担忧、危险和潜在问题被平行列出。

在红色思考帽下，大家有机会表达情感、直觉和情绪。

在绿色思考帽下，大家会努力将这一切设计成一个各方都能接受的结果。

也许这个结果又会重新接受黄色、黑色和红色思考帽的检验。

日常设计

设计并没有什么神奇之处。我们每天都在设计。当你写东西时，你将标准词语组合起来以实现特定的表达和沟通目的。

每天早晨穿衣服时，你将现有的衣服组合起来以实现特定的目的：舒适、时尚、保暖等。

做饭时，你也在设计菜品，除非你遵循固定的每日常规。

非常规的东西都是设计。设计可能组合不同的常规，例如，设计一段旅程可能涉及组合不同的标准公交线路以到达目的地。在这个特定的例子中，分析和设计从相反的两端发挥作用。分析将整个旅程分解为标准部分。设计将标准部分组合起来以构建旅程。如果预期结果像明确的目的地一样具体，就可以交替使用设计和分析。不过如果结果更为开放，就不可能分析尚不存在的东西。为警察设计新头盔可能涉及分析需求和要求，然后需要进行设计。你无法分析最终结果，因为你一开始拥有的唯一结果是现有的头盔。你可能对一些缺陷进行修改，不过这是问题解决，不是设计。设计中可能包含一些与现有问题不相关的新想法。例如，新头盔可能成为可用的武器。

我们现在将设计与组合方法用于三种思考情境。

情境 A 停车场问题。

设计方法 设计纲要可能是：一个能够满足所有想使用停车场的人的需求的解决方案——将需求与空间的可用性进行匹配。如果车的数量减少，每辆车乘坐的人更多的话，需求就能够得到满足。所以建议是只有带两名其他（或更多）同事的员工才能获得停车场的使用权。

情境 B 新餐馆。

设计方法 需求清单可能包括：

- 宣传。

- 声誉。

- 引起关注。

- 满足客户需求。

- 时尚。

结果可能是前六个月雇用一名宣传人员。在每笔交易中，宣传人员都能够获得酬金和佣金。

情境 C 涂鸦问题。

设计方法 我们需要在不投入成本进行持续监控或反复擦洗的情况下赶走涂鸦艺术家。也许在墙壁附近释放难闻的气味（如硫化氢）能够赶走涂鸦艺术家。

↘ PO 阶段总结

PO 阶段是思考的生成性和生产性阶段。这个阶段将我们目前的位置与我们的目标联系起来。

PO 阶段生成可能性。有些可能性比其他可能性更好。有些可能性需要进一步发展然后才能评估。有些可能性并不符合所有的限制条件和要求。有些可能性比其他可能性更实际。有些可能性比其他可能性成本更高。

重要的一点是记住 PO 阶段的作用是产生"可能性"。如果你在每个可能性刚出现时就立即对其进行评估，你就会被自己的思维束缚。在使用每个想法之前都要有评估过程。这种评估发生在思考的下一个或 SO 阶段。生成尽可能多的可能性，对其进行发展和评估，然后选择最佳行动方案。永远不要以为你能够通过减少可能的备选项的数量来简化选择阶段。这是糟糕和危险的思维。你不可能在这个过程中选出最佳结果。生成阶段必须与评估阶段分开。只有在使用"寻找常规"方法时，你才需要在每个阶段都做到正确。否则你最终会使用错误的盒子。不过这只是四个方法中的一个方法。

在关于思考的 PO 阶段的这一节中，提出的四个方法的确存在重合之处，不过它们本身也是独立存在的。

1. 寻找常规法意味着回顾过去的经验以寻找行动方案。情境和行动常规之间的联系是"识别"情境属于哪个盒子。我们可以利用分析、分解复杂的情境，从而使识别更加容易。

2. 在整体方法中，我们以宏观和整体的方式定义需求。然后我们逐渐具体化，直到最后找到实现目标的切实可行的方式。

3. 在创造性方法中，我们生成想法。然后我们检查这些想法，看它们是否符合我们的需求。我们对想法进行调整以实现目标。

4. 在设计与组合方法中，我们整合不同的元素以构建我们想要的东西。

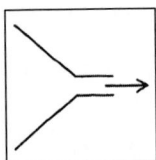

SO
结果是什么

So…（那么……）

So what?（那又怎样？）

So what is the outcome?（那结果是什么呢？）

So what do we do?（那我们做什么呢？）

So this what we do?（这就是我们要做的吗？）

　　思维的SO阶段的目标是选取PO阶段产生的可能性并从中产生一个结果。在 PO 阶段结束时，可能性还只是可能性。我们需要对它们进行发展和评估，从而使它们成为可用的想法。然后我们从许多可用的想法中进行选择，从而最终得到我们决定使用的那个想法。所以 SO 阶段的总体目标是发展和选择。

在 SO 阶段结束时，我们应该得到选择的想法，然后我们将这个想法带到 GO 阶段以采取行动。

有时候整个过程可能缩短。例如，如果思考的目标是获得一些信息，并且很容易就获得了信息，思考者可能直接从 LO 阶段进入 GO 阶段。同样，如果在 PO 阶段中寻找常规法只是找到了一个常规，思考者可能直接进入 GO 阶段。不过即便是这种情况，也建议实施 SO 阶段的评估部分。总之最好遵循整个框架，不过有时候一些阶段可能很短。

SO 阶段的符号显示了一个减少的过程，然后产生一个结果。这个结果以一个向前的单箭头表示。这可能与 PO 阶段的符号形成鲜明对比。PO 阶段产生了许多"可能性"。

↘ 顺序

SO 阶段的顺序如下：

发展

到

评估

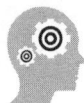

到

选择

到

决定

到

行动（GO 阶段）

↘ 可能性的发展

PO 阶段的生成过程产生的一些可能性可能只是初步的想法或想法的开端。它们的确是可能性，不过我们首先要对它们进行处理然后才能评估。尤其是 PO 阶段中"创造性方法"产生的输出。甚至"寻找常规"法产生的输出也可能需要调整或修改以适应环境。

不要直接跳到 SO 阶段的评估和选择方面。花些时间改进和构建想法。

塑造想法

想象一个制陶者在转轮上"塑造"一个陶器。制陶者在合适的地方施加压力以获得想要的形状。

在创造过程中，我们并不是设计想法以符合限制条件，而是先生成想法，然后再引入限制条件来塑造想法。

一些塑造限制条件可能非常笼统。例如，一个想法必须是合法的。我们能否对这个想法进行塑造使之合法？仅限于一个汽车品牌的垄断停车场可能是不合法的，不过由制造商提供补贴以降低其品牌的汽车的成本可能是合法的。必须对想法进行塑造使其符合防火和建筑法规。想法可能太过庞大或复杂，所以应对其进行塑造使其变小或简化。

还有一些特定的限制条件需要引入塑造过程。想法可能需要经过某个人批准，这个人对某些方面反感。如何对想法进行塑造以避免引起这个人的反感？

裁剪

裁缝裁剪西服以适应可用的布料。所以裁剪就是调整想法以适应将实施该想法的个人或组织的特定资源。

这个想法本身可能很好，并且可能由所有的限制条件进行

191

了成功塑造。不过这个想法适合我们吗？

一个想法可能适合有自己的销售团队的大组织，却可能不适合没有销售团队的小组织。一个想法可能适合外向和大胆的人，却可能很不适合内向和害羞的人。想法很好却不适合。

我们问：哪种组织或个人可以实施这个想法？然后我们问：是我们这种组织或个人吗？如果答案是"不是我们这种组织或个人"，我们就"裁剪"想法以适应我们的资源。一家小餐馆不能像大超市那样发放免费餐券，因为餐馆难以招架。不过限定日期和时间的餐券也许是可以的。

强化想法

我们看到了建议的可能性的力量、影响力或价值。然后我们进一步强化它。一个想法的首次表达可能没有充分发挥想法的潜能。例如，就抽奖而言，如果参与者既可以购买一种有"大奖"的奖券，也可以购买另一种有许多小奖的奖券，奖券将更有吸引力。在实践中，人们可能参与两种抽奖方式，他们可能购买两张奖券，而不是一张。所以即便想法看起来很好，也不要轻易满足。你也许可以让它变得更好。

纠错

这是发展任何想法的过程中显而易见的部分。可能有弱点、错误和缺陷。我们努力纠正这些方面。如果问题严重，其本身就会成为一项完整的思维实践。也许推广想法会产生反效果——我们如何排除这一风险？也许某个想法的弱点是一切都取决于一个人。能否补救？也许某个想法的主要缺陷在于花费的时间太长。能否缩短时间？

这里我们可以使用黑色思考帽列出所有的缺陷和潜在危险。这不是评估过程的一部分，而是发展过程的一部分。你努力克服缺陷。

实用性

这显然非常重要。实用性可以作为前面的任何一个发展标题的一部分，不过其本身也需要"注意力导向"。

这个想法的实用性如何？我们能否让它更实际？

实用性往往不像新颖性或益处那样激动人心，因此富有创造力的人有时会忽视实用性。在发展过程中，我们必须提高想法的实用性。

无须重大变革，实用的想法就可立即用于当前状况。

可接受性

一个想法本身可能很好，但是无法被接受。一个想法可能在某个特定的时间点上无法被接受，或者无法被某个特定的人群接受。如果提高生产力的某个想法无法被劳动者或工会接受，想法也就失去了意义。如果一个投资想法无法被董事会接受，想法也就失去了意义。

放映一个想法能否被接受就是要考虑他人的感知。将停车场内有限的空间作为对优秀员工的奖励的建议可能无法被那些生活在公共交通系统之外，必须开车上下班的员工接受。

所以我们要努力提高想法的可接受性。有时候只是想法的陈述方式问题。有时候可能需要稍微增加一些元素。有时候整个想法都需要改变。就停车场想法而言，可以将真正需要开车上下班的员工作为例外情况处理，从而提高这个想法的可接受性。

成本

想法的成本如何？创建想法需要多少成本？运行想法需要多少成本？

对成本的关注是绝对必要的，成本也可以包含在塑造和裁剪过程中。通常会有预算，想法需要符合预算。高成本问题也会在关注缺陷部分显现。不过成本如此重要，其本身也需要直接关注。

- 金钱方面的成本如何？
- 管理时间方面的成本如何？
- 就造成的中断和麻烦而言，成本如何？

所有这些问题还会在想法的评估阶段出现。我们现在关注这些问题是为了改进想法。我们能否与他人合作来实施这个想法，从而降低成本？我们能否在中国制造以降低成本？我们能否在小范围内试验这个想法？

简化

初步构思的想法往往过于复杂。创造性想法尤其如此。因此发展环节旨在简化想法。通常情况下我们可以在不损失任何价值的情况下对想法进行简化。

在足球比赛中，如果没有进球，一个想法是通过扩大球门柱实现进球。我们也可以对这个想法进行简化，如让守门员暂时离场，直到进球。

提取概念

有时候我们可以从一个可能性中提取"概念"，然后以完全不同的方式运用这个概念。这也是发展过程的一部分。

那这里所说的概念是什么？我们如何以更好的方式运用这个概念？

为客户提供视频目录的概念可以更改为早晨从无线电视下载目录。或者客户可以自带磁带，根据需求拷贝目录。这样就会有通过 CD-ROM 计算机组织的定制目录。这个基本概念的另一个延伸是让客户通过电话索取详细信息和价目表，以及通过传真发送。

↘ 评估和评价

我们通过努力将可能性发展成了强有力的想法，到了一定时候我们必须移向评估和评价。

- 这个想法值得实施吗？
- 能实施吗？

总是涉及这两个方面。如果想法不值得实施，我们就没必要考虑该如何实施。如果想法值得实施，我们就需要评估它能否实施或者我们能否实施它。

在六顶思考帽框架中，以下思考帽可用于评估。

黄色思考帽用于寻找价值和益处。

黑色思考帽用于寻找危险、问题和潜在问题。

白色思考帽用于评估建议是否符合我们对情况的了解。

在 CoRT 思维训练课程中，以下简单工具可用于评估：

P.M.I.用于寻找想法的正面点、负面点和有趣点。

C&S 用于预测想法的未来——并评估结果。

价值和益处

我们能够区分价值和益处。我们可以说价值存在于事物本身，而益处是一个人能够从该事物中得到的价值。换句话说，益处总是与人相关。

拥有一根金条有如下益处：

- 抵御通货膨胀。

- 炫耀的资本。

- 可以卖钱。

- 可以用作重型门挡。

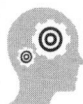

- 可以打造首饰。

- 可以作为抵押品贷款。

这些益处取决于人和环境。例如，当利率高时，你购买的金条无法带来利息收入。如果你拥有现金并进行投资，收益会更高。而在通胀时期，金子比现金更保值。炫耀对于一些人而言可能是益处，而对于其他人而言则是危险，因为会招贼。

一般而言，区分益处和价值没有太大意义。价值是潜在益处的一种存储。不过二者可以交替使用。

我们总是要首先评估价值和益处。如果价值和益处低或不存在，显然就没有必要实施后续步骤，因为想法不值得使用。当你做出最大努力寻找价值，却仍然找不到时，你就应该放弃这个想法——或将其暂时搁置。

不过如果你找到了很大的价值和益处，你就更有动力克服建议中可能存在的困难。而且你更有动力寻找实施建议的方式。

寻找价值和益处并不容易。你需要做出努力。

- 有哪些益处？

- 对于谁有益处？

- 益处如何产生？

- 益处取决于哪些因素？

- 益处有多大？

- 益处有多安全？

有一个建议是为牙膏管制作特殊的牙膏帽。这种特殊的牙膏帽有一个大的通孔。有哪些益处？

"使用者可以将牙膏管挂在挂钩上。不同的家庭成员可能使用不同牌子的牙膏。"

"零售商可以将牙膏挂在架子上，以节省宝贵的货架空间。"

"制造商不需要将牙膏放在硬纸盒里。这就减少了硬纸的使用，从而减少了废物处理和对树木的砍伐，等等。"

在寻找价值和益处时，我们需要展望未来。益处能持续多久？是否存在益处可能消失的情况？后续是否会出现更多益处？

在评估困难时，我们需要展望未来并努力寻找潜在的困难。而就益处而言，未来益处往往没有太大意义，除非有短期益处。这也不是绝对的，否则人寿保险就卖不出去了。投资决策也是基于长期做出的。不过一般而言，如果没有短期益处的话，想法就没有太大吸引力。

益处可能包括：

- 更多同样的价值。

- 新价值。

- 多样性。

- 降低成本。

- 便利性。

- 减少麻烦。

- 更简单。

- 声誉。

- "感觉良好"因素。

- 安全性。

- 舒适度。

- 兴奋。

- 平和。

我们要对价值和益处"敏感"。这意味着随时准备发现价值和益处，即便它们并不明显。有时候我们只寻找明显的价值，如省钱。而"平和"这样的价值往往被忽视，而实际上它们非常重要。

请为每个可能性列出感知的价值和益处。

困难和危险

显然实施过程中的风险和困难等问题可以在这里讨论，不过我们稍后再讨论这些问题。此时我们说："假定能够实施这个想法，会有哪些困难和危险？"

如果困难和危险很大，无法克服的话，我们就不需要评估想法的可行性，因为我们不想使用它。

"这个想法可能引起一些人的不满。"

"这个想法可能破坏我们的声誉或我们正在做的其他事情。"

"这个想法可能成本太高，或者成本可能逐步升高。"

"产品可能有害。"

"这个想法可能根本不可行。"

"这个想法太复杂。"

"这个想法不具备普遍吸引力。"

这一关键评估的三个主要方面：

1．这个想法无法达成预期目的。

2．这个想法实际上对我们、我们的声誉或他人有损或有害。

3．成本太高。

在这种评估中，我们需要进行许多"放映"思考。我们需要展望未来，想象和设想可能发生的情况。我们需要想象不同的情境和情境组合。我们可能需要想象竞争对手的反应。如果我们降低机票价格，它们可能降得更低，这样受害最大的可能是我们。

此时我们应该列出负面点。

如果想法被认为是非常有益的，我们就要做出最后的努力以克服这个阶段发现的困难。从理论上讲，这些困难本应在"发展"阶段处理，不过当时可能注意不到。

可行性

这是评估的第三个部分。我们喜欢这个想法。它有益处。困难不明显。所以我们想继续前进。我们能实施它吗？这个想法对我们而言可行吗？此时我们通常从想法的使用者的角度考虑其可行性。

"有实施想法的机制吗？"

"想法能通过常规渠道实施吗？"

"我们有实施想法的资源（人员、时间、资金）吗？"

"我们有实施想法的动力吗？"

"我们有实施想法的能量吗？"

"这个想法能否得到批准和认可？"

"它对我们正在做的其他事情有多大干扰？"

"我真的想实施这个想法吗？"

有些想法很好，我们感觉应该实施它们，而实际上我们却不想实施。有些想法可能不太好，不过我们想实施它们。动机是可行性的一部分。如果没有动机，事情就做不成，即便做成的可能性很大。所以此时我们可以使用红色思考帽进行情感评估。

我们也许可以通过现有的机制实施想法。或者我们可能需要创建新的机制。我们可能寻找合作伙伴。

如何创建机制以实施想法可能也会成为一个全新的思考焦点。我们的思考目标（TO 阶段）是：我们如何实施这个想法？

思考的 SO 阶段不需要明确实施的全部细节。这是 GO 阶段的任务。不过可行性评估需要明确想法是否可行：

1. 完全可行。

2. 可行，但需要做出一些努力和调整。

3. 可行，但有困难。

4. 根本不可行。

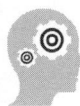

↘ 选择

发展和评估单独处理每个想法。我们如何发展这个想法？我们如何评估这个想法？此时：

- 我们可能没有足够有吸引力且值得我们实施的想法。

- 我们可能有一个显然比其他想法好得多的想法。

- 我们可能有一些好想法，需要从中做出选择。

- 我们可能有许多显然很好的想法。

一位漂亮女士有许多狂热的追求者，不过她只能从中选择一个作为结婚对象。所以她需要做出选择。

此时假定我们只能使用其中一个可行想法。有时候情况并非如此，因为很多时候我们可以使用多个想法。无论如何，没有选中的想法不会被抛弃，而是暂时存储起来供以后使用，或者"出售"给其他组织。

在思考过程中的这个阶段，我们要果断一些。我们创建优先级和选择依据，然后我们将不符合要求的想法放到一边，暂不考虑它们。

例如，你可能有一个非常简单的选择依据：

"我只考虑让我有强烈感受的想法。"

这是纯粹的红色思考帽选择。

强弱分组

这是一种非常简单的选择方法。你将所有的可能性分成两个组：强组和弱组。对强弱的综合评估基于对益处、危险、可行性和直觉的整体感受。然后你将强组分成强弱两组。

继续这个过程，直到只剩下少数几个可能性。然后对剩下的这些可能性进行更详细的比较。

内和外

你可以选择一个所有可用的想法都必须拥有的特性或特征。例如，在选择居住地时，你可能说："我居住的地方距离上班地点的路程不能超过一小时。"具有这个特征的可能性被包括在内。其他的被排除在外。

你可以选择一个任何可用的想法都不能有的特性或特征。例如，你可能会说："我不想要任何成本高昂的想法。"因此你抛弃了所有成本高昂的想法。那些成本不高的想法仍然包含在"内"。

可能有多个"内"特征和多个"外"特征。

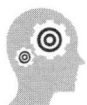

优先级

评估了想法之后，你就了解了益处和困难的类型。你可以返回到 TO 阶段重新定义你的思考需求。你最终想得到什么结果？你应该据此创建一份优先级列表作为选择的依据。优先级的数量可能多达 12 个，也可能少至 4 个。

根据此列表检查每个可能性。它们可能是你最初确定的可能性，也可能是经过上述选择过程之后留下的可能性。根据可能性是否符合某个特定的优先级给出"是"或"否"的评价。看一下哪些可能性符合最多的优先级。

你可以对每个优先级的重要程度进行评分。符合第一个优先级的可能性得 10 分，符合第十个优先级的可能性只得 1 分。然后将分数加起来，得分最高者也许就是你应该选择的可能性。

我们也可以采用另一种方式，不是采用简单的"是"或"否"来表示一个可能性是否符合某个优先级，而是根据符合的"程度"进行评分，得分范围为 1~5 分。所以完全符合某个优先级的可能性得 5 分，勉强符合的得 1 分。

这些方法也可以组合——不过组合之后会变得很复杂。我们的目的是将质量转变成数量，然后选择数量较大者。

直接比较

当可能性的数量减少到一定程度时，我们就可以对其进行直接比较。

"与那个可能性相比，这个可能性有哪些益处？"

"与那个可能性相比，这个可能性有哪些困难？"

"它们在可行性方面有何区别？"

"哪些益处和危险对我们更重要？"

贪婪、恐惧和懒惰

在另一本书《德博诺思考课程》（*De Bono's Thinking Course*）中，我建议了一种简单的选择方法。这个方法基于三个因素：贪婪、恐惧和懒惰。我们依次选取每个可能性，看一下这三个因素是否适用。

"我喜欢这个想法，因为它具有很大的益处"（贪婪因素）。

"我不喜欢这个想法，因为它有不确定性和危险"（恐惧因素）。

"我不喜欢这个想法，因为它太复杂，需要付出很多努力"（懒惰因素）。

通常这些因素会被结合起来，不过总是会有一个主导因素促使你选择或放弃某个可能性。

最终评估

在做出了选择之后，就要进行最终评估。

- 预期的益处究竟是什么？

- 可能的问题有哪些？

- 可行性如何？

你需要仔细研究将该想法付诸行动之后会产生什么结果。

↘ 决定

决定通常与"选择"交替使用。你可能决定选择哪个备选项。你可能决定走哪条路。一位女士可能决定与哪个追求者结婚。

在本节中我从"行 / 不行"的角度来处理"决定"。我们是做某件事还是不做？这是决定的一种非常常见的用法。我们是搬到另一个城镇去还是不搬？我是接受这个工作机会还是不接受？

我们还可以将决定过程运用到选择阶段的结果中去。我们从备选可能性中选择了一个我们青睐的选项。现在我们是执行这个选项还是不执行？

你可以说我们已经在选择阶段做出了决定，不过还有许多考虑因素可以用于决定阶段。我们将在这个阶段考虑这些因素。

决定框架

- 决定的框架是什么？
- 谁做决定？
- 这是最终决定还是只是一个阶段？
- 谁有资格做决定？

这个过程涉及决定的背景，而不是内容。研究部门做出的决定与董事会做出的投资决定不同。一位主妇是自己做决定，还是让全家人参与决定？谁最有资格决定你应该选择什么职业？

决定需求

- 我们为什么需要做出这个决定？
- 我们希望从这个决定中得到什么？

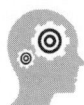

- 如果我们什么都不做，会发生什么？

- 如果我们等待，会发生什么？

- 谁需要这个决定？

- 这个决定是奢侈还是必需？

这成了一个非常棘手的问题，因为所有的变化都涉及风险。因此有些人会由于风险而反对任何决定。有时候不决定实际上意味着更大的风险。而人们往往很难意识到这点。机遇稍纵即逝。在无人察觉的情况下情况会变得越来越糟。你的竞争对手可能在前进。无所作为的风险最终显现，不过为时已晚。一些知名的组织因此而破产。他们觉得维护就足够了。

决定压力

- 做决定的压力是什么？

- 这是危机吗？

- 有时间压力吗？

- 谁在施加压力？

- 为何如此匆忙？

有些事情有时间限制。应用程序必须在某个截止日期前到位。价格会变化。有人可能需要做出决定。

情境

- 我们在什么情境下做出这个决定?

- 未来情境是什么样的?

我们不仅评估决定的结果,而且预测决定运行的世界。对于未来的情况,我们只能进行预测。我们可以做出最佳情况预测和最坏情况预测,然后设计我们的决定,使其在这两种极端情况之间发挥价值。

风险

这是决定、选择和评估等过程中的一个至关重要的因素。我们在这里探讨风险这个话题是因为在决定阶段风险评估必不可少。有许多不同类型的风险。

- 想法可能没有产生预期的结果。

- 想法可能执行不力。

- 想法可能没有达到预期目标或目的。

- 想法可能给我们造成了损害。

- 环境可能发生了变化,导致想法变得无用或危险。

- 竞争对手的反应可能使想法失去了作用,或者给我们造成了损害。

- 一些事情可能发生了变化（利率、法规等）。

可能有不足风险，想法可能没有产生预期的结果。

可能有危险风险，我们最终得到的结果比当初还要糟糕。

可能有不确定性风险，无法预见的变化可能导致以上两种情况。

我们要有风险意识。我们要努力降低风险。

我们可以通过周密的规划和适当的培训降低运营风险。

我们可以在试验计划、测试市场中或通过焦点小组测试想法。

我们可以通过设计退路和出路限制危害。

我们可以通过保险、对冲或金融衍生工具降低风险。

我们不必把所有鸡蛋都放在一个篮子里。

只要涉及未来，就会有风险。在不断变化的世界中，即便日复一日做着同样的事情，也会有风险。铁匠们失业并不是因为他们本身的错。

结果

考虑了决定框架、需求和压力，并考虑了选择的选项的风险和益处之后，我们需要做出决定。决定总是要权衡需求、益处和风险。如果需求程度意味着不采取行动会带来同等风险，风险就抵消了。我们力求谨慎，通过设计和后备力量最大限度地降低风险。如果需求很大，益处就会很明显。所以归根结底是需求驱动决定。

我们的确需要采取行动。这是我们的最佳选择。

↘ 回顾：原因

在做出了一个选择或决定之后，我们有必要进行回顾，并详细说明做出这个选择或决定的原因。为什么选择了这个？为什么另一个选择被放弃了？为什么做出这个决定？

"我做出了这个决定是因为我认为如果我们什么都不做，情况会变得更糟。基于这些原因，我认为……"

"我做出了这个选择是因为有如下益处……所有这些都很重要并且可行。"

"我放弃了那个选择是因为它需要我们并不具备的技能。"

"我放弃了那个选择是因为它不适合我们的风格。"

"我做出了这个决定是因为我感觉它合适——决定的依据

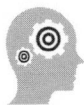

是直觉。"

当这样做时，你往往会意外地发现这些原因现在看起来是多么软弱无力。你真的是基于此做出的选择或决定吗？你真的会以此证明你的决定是合理的吗？

事后检查是非常有用的。它有时候会迫使我们重新考虑一个选择或决定。这一检查也可能最终表明决定是依直觉或红色思考帽做出的。不过这并不意味着它就是错误的。不过我们要有这样的意识。

我们也可以最后一次使用红色思考帽：

- 我对这个决定感觉如何？
- 我对这个决定满意吗？

↘ SO 阶段总结

SO 阶段的目标是选取生成性的 PO 阶段产生的可能性，并得出一个可实施的选项。

在发展阶段中，我们进一步发展想法。我们构建和强化想法。我们克服缺陷。我们将想法变得更加实际、更易于接受和简单。这是创造性和建设性阶段，在这个阶段中我们充分完善想法。

然后是评估阶段。我们对每个想法进行评估。有哪些益处和价值？有哪些困难和危险？想法对于我们是否可行？在这个阶段我们仍然单独处理每个可能性。

然后是选择阶段，在这个阶段中我们必须从多个可用的想法中选出一个想法（不一定是一个）。我们可以通过多种方式进行这个选择。我们可以通过一些简单的方法减少可能性的数量，从而进行直接比较。

最后是决定阶段。我们是采用建议的想法或行动还是不采用？我们需要评估决定的需求、压力和框架。我们需要评估风险，并努力降低风险。如果需求和预期回报超过了风险，我们就决定采用建议的想法或行动。

此时一个被选出的可用想法将进入思维的最后阶段：GO阶段。

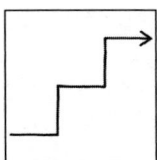

GO

实施

Go！（前进！）

Go forward（前进）

Go ahead（前进）

Let's **go**（让我们走吧）

Go to it（去那里）

Get **go**ing（开始行动）

这一符号表示一步步前进和上升。它意味着向上构建。它意味着建设性。线是实线。它不再是可能性。我们正在将想法变成现实。

的确，行动并不是所有思考的必要组成部分。思考的目标可能是收集具体的信息。思考的目标可能是全面探索。思考的目标可能是通过分析了解某个事物。思考的目标可能是解决头脑问题，就像解决数学问题一样。思考的目标可能是写作。思考的目标可能是设计一项行动，然后交给他人去执行。还有许多其他这样的情况，思考结束后并不需要采取行动。即便如此，GO 阶段给思考画上圆满的句号。如果思考的目标是生成一份报告，你就生成一份报告。

不过认为所有的思考都无须采取行动的观点是错误的。认为行动是其他人的事的观点也是错误的。认为存在"思考者"和"行动者"并且二者相互独立的观点也是错误的。这是学术传统鼓励的错误观点。"行动"被认为是不会思考的人做的事。"行动"被认为是容易的事。

这种错误的观点被三大人物，尤其是苏格拉底推崇。苏格拉底认为"知识就是一切"。只要你有正确的知识，你就能采取正确的行动。这部分不需要思考。这有一定的道理。如果你是一位有经验的司机，知道目的地的路线就足够了。驾驶环节只是常规，非常简单。世界也曾经以这样的方式运行：在不变的世界中日复一日。而现在一切都变了。世界瞬息万变。行动不再是简单的重复。

↘ 执行能力

多年前我发明了"执行能力"这个词。这是有原因的。教育关注的是"计算能力"（数字和数学）和"读写能力"（文字）并引以为傲。不过当年轻人走出校门后，他们进入一个需要行动的世界。你要做的不再是对放在你面前的事物做出响应。你要做的不再是利用提供的信息解决问题。你需要积极行动。你需要查找信息。你需要生成替代方案、做出决定并采取行动。在我看来"执行能力"也很重要。只有计算能力和读写能力是不够的。

执行能力涉及各种行动技能及将想法变成现实的能力。

↘ 简单输出

思考的 GO 阶段的目标是将 SO 阶段的输出连接回 TO 阶段。显然，我们可以将思考分成两个单独的部分。

- 第一部分："我想最终得到这个问题的解决方案。"
- 第二部分："我想最终得到实施该解决方案的方式。"

在有些情况下你别无选择，因为思考结果的实施和思考本身一样复杂。不过在不太复杂的情况下，GO 阶段能够指明实现整体结果——如解决问题——需要采取的行动。将这一行动包含在 GO 阶段是因为问题解决方案必须切合实际，因为你要考虑如何运用它。你不是就此撒手不管，将"解决方案"全权交给他人去执行。

这里的"简单输出"所指的情况是在进入 GO 阶段之前，几乎所有的思考工作已经完成。我已经在前面列出了这些情况。在这些情况下，GO 阶段可能只是进行总结。

"我探索了这个主题，并获得了尽可能多的信息。"

"我探索了这个主题，我现在正在整理报告。"

"我觉得我现在对情况有了充分的了解。"

"我们现在做了一项决定，即这个广告活动应继续进行。"

"我们现在有了这一新项目的计划。我们只需要将它们整理一下，并制订出正式的计划。"

"我们的谈判取得了成功，并达成了一项协议。"

在以上所有情况下，工作已经基本完成。可能还需要做一些收尾工作，如制订计划、写报告和签订合同。

↘ 常规渠道

你已经决定了要看哪部电影，于是你去电影院看这部电影。所需的行动只是常规。你已经选好了要买的房子，于是你走了买房的流程。有时候你可能还需要停下来思考，比如怎样筹集资金，不过行动的机制已经具备并且众所周知。

如果你在大公司或组织中工作，你的角色可能是做决定或下达命令。执行命令的机制是现成的。

所以在 GO 阶段，你可以问自己："有哪些现成的渠道、机制或常规可以执行我的思考结果？"

- 可能有很好的常规渠道。
- 可能有差强人意的常规渠道。
- 可能有一些常规渠道，不过你觉得你可以做得更好。
- 可能没有常规渠道，你需要自己"设计"行动计划。

↘ 行动设计

我在《机会》（*Opportunities*）一书中介绍了"如果—盒子"的概念。行动可以分为两类：完全在你的控制范围内的事情和需要等待某个"结果"的事情。

你可能开车去商店买某个品牌的计算机。这些事情在你的控制范围内。如果商店里有你想买的计算机，你就会买下。如果商店里没有你想买的计算机，你就会询问去哪里能买到，然后开车去下一家商店。行动设计意味着将尽可能多的事情置于你的控制范围内，并设计"如果—盒子"之后你将采取的行动，无论盒子的结果如何。

如果你坐在家里给多家计算机店打电话询问是否有你想买的牌子，你会为自己节省很多开车时间。

当然，生活充满了小的"如果"。在上面的案例中，你可能说：

- 如果汽车启动了。

- 如果汽车有足够的燃料。

- 如果我找到停车的地方。

- 如果商店是开着的。

我们忽略了这些小的"如果"，而是关注更大的"如果"。

所以我们将行动分为：

- 我能做的事情。

- 取决于结果（如果—盒子）的事情。

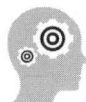

如果—盒子可能意味着询问信息。如果—盒子可能意味着让某人做某事。如果—盒子可能是一次寻找，可能成功也可能失败。

有时候如果—盒子如此重要，其本身也成了一个全新的思维焦点。

如果—盒子通常意味着调查可能性、可接受性或成本。你可以问员工他们是否愿意安排停车场的使用权。他们可能接受这个想法，也可能拒绝。要增加你的新餐馆的业务，你可能需要雇用一名宣传人员。不过你首先要找一位能够接受你给出的薪水的优秀宣传人员。

有时候如果—盒子的输出是提前预知的。有两条可能的道路。如果一条不可用，我就选择另一条。如果没有去巴黎的合适航班，我可能选择乘坐隧道火车。我可能寻找具有某些特征的物质。我可能找到这种物质，也有可能在寻找过程中发现不存在这样的物质。

有时候输出是未知的。我可能拍卖一件艺术品，却不知道最终拍得的价格。如果价格高，我就可以在法国买一套房子。如果价格低，我就把钱投到股市里。我可以设定一个数字作为"高""低"分界点。

你可以做广告宣传你的顾问或园艺服务，这在你的控制范围内。输出不在你的控制范围内。询问的人可能很多，也可能很少。

阶段

行动计划往往涉及阶段。

过去朝圣者通常会选择固定的朝圣路线，并在路线上的固定站点停留。这些站点用于饮食、休息和睡眠。所以固定的路线上存在阶段。这些阶段作为目标、检查点和总结。

"我们已经结束了第一阶段。"

"我们目前在这点上。"

"我们的近期目标如下……"

"我们仍在轨道上。"

这些阶段是固定轨道上的点。不过还有其他类型的阶段。

在某个点上一些事物可能交汇，而这样的交汇是你继续前进的前提。这是一种"如果一盒子"。"除非你通过法律考试，否则我们无法前进。"在某个特定的点上，计划和资源可能需要交汇。这些阶段能够让我们继续前进。这些阶段不仅是道路上的站点，而且是汇合点。

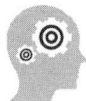

我可以设计一份广告，并付费将其刊登在报纸上。我无法预测结果，不过如果没有处理读者咨询的机制，我就是在浪费时间和金钱。所以这个阶段需要提前准备。

目标和子目标

总目标或目的地可能是众所周知的。不过难就难在设计实现总目标的行动上。例如，你正在向北行进，但中途遇到了障碍。你需要在局部设计行动。你不能再坚持向北走。在局部你可能需要先向南行进，从而通过障碍。

出于这些原因、动力，我们通常会设立子目标。它们是通往最终目的地的阶段性目的地。在行动设计的每个阶段的末尾都有这样一个子目标。在总体设计中这些子目标旨在帮助我们抵达最终目的地。所以在任意时刻我们只需要向子目标前进。如果我们依次抵达了每个子目标，我们最终会抵达最终目的地。

在向子目标前进的过程中，我们不能忘记最终目的地。原因在于为实现子目标采取的行动可能导致我们无法实现总目标。一个男孩将一些鸡带到市场上去卖。在路上他决定卖掉其中的几只鸡以支付住宿费。当他最终到达市场时，就没有鸡可卖了。所以这一旅程的总目标也就无从实现了。这有点夸张，不过如果我们忘记了总目标，我们可能采取用于实现短期子目标而不是总目标的行动。

灵活性和常规

在《六双行动鞋》（*Six Action Shoes*）一书中，我描述了六种基本的行动风格：

- 深蓝海军鞋：常规行动。

- 棕色便鞋：首创行动。

- 灰色运动鞋：调查行动。

- 橘色橡皮靴：风险行动。

- 粉红色拖鞋：人文价值行动。

- 紫色马靴：权威角色行动。

我们无法通过培训让一个人在各种不同的情境中都拥有完美表现。我们要做的是明确设定基本的行动风格。这样在任何情境中你使用一种行动风格或组合两种行动风格。例如，可能需要危机加人文价值行动。

现在我们来看一下常规行动（深蓝海军鞋）和首创行动（棕色便鞋）之间的区别。有时候行动要完全遵循常规。拥有飞行前检查清单的飞行员需要准确执行常规检查，否则他可能在燃

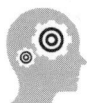

料不足的情况下起飞。

有时需要一定的灵活性。目标或目的已经确定。有特定的指导方针或限制（控制成本，不违法），但负责人可以自行设计实现目标的方式。取决于局部环境和个人风格，不同的人可能设计不同的行动方案。灵活性可能不太大。可能设定了常规，不过如果遇到障碍或变化，负责人可以灵活处理。丽思卡尔顿（Ritz Carlton）连锁酒店有这样一项政策，任何员工都有权花费2 000美元以下以纠正给顾客造成不便的错误。

总是会遇到困境。常规性事务越多，行动就越容易。而常规性越强，就越难处理变化和局部困难。

时刻牢记使用固定常规没有什么不好，并且具有很大的价值。而与此同时不要忘记发挥灵活性的可能性。如果遇到意外的道路施工，你可能需要寻找其他的路线。

检查和监控

我们如何判断是否仍在正确的轨道上运行？过去航海家们会定期观测星象以判断其所处的位置。现在他们使用卫星信号来定方位。使用卫星信号，人们能够在任意时刻准确定位一条小船的位置。

我们设计阶段性行动的原因之一是我们能够检查当前的情况。我们是否还在朝着预定的方向前进？此时的结果是否符合我们的预期？我们是继续执行原计划，还是对其进行更改？

你努力为新餐馆吸引顾客，但似乎收效甚微，你是继续朝着同样的方向做出更大努力，还是尝试其他方式？这总是一个棘手的问题，因为结果往往不像我们预期的那样立竿见影。餐馆的知名度可能逐步提升，不过还没到人人都想光顾的程度。

任何行动都是面向未来的。只有描述是针对过去的。未来是不确定的。未来存在风险。事情的发展可能偏离我们的预期，可能有无法预见的灾难。

我们需要监控研究项目的资金使用情况。研究项目几乎总是资金不足。这是因为在开始行动之前，一切总是看似容易。而且为了通过审批，申请预算的人总是把预算定得很低。我们可能还需要监控建筑承包商的支出情况，为了拿到项目，建筑承包商可能也会低估成本。

在某些情况下你可能需要终止研究项目或调整建筑工程或解雇承包商。如果没有监控程序，你永远不会知道何时该采取这些措施。

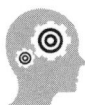

退路

事情可能没有朝着预期的方向发展。我们可能过于乐观了。情况可能发生了变化。竞争对手可能做出了强烈的响应。我们可能搞错了。

在这种情况下我们是否要重新开始思考对策？还是我们已经提前为这一可能性做好了准备？我们是否准备了"退路"或"后退战略"？这个词语源于军事战略。如果进攻失败，是否有退路？这也适用于防御。如果第一道防线垮了，是否有退路？

当你意识到事情的发展偏离了预期的方向，即便你决定进行一些全新的思考，拥有后退战略也是有价值的。你并不一定要使用它。你的新思考也许能够产生更适合新环境的战略。与此同时，即便你想不出更好的战略，你手中也有现成的战略可用。

至少可以通过三种方式应对风险：

1．降低风险（设计或保护）。

2．如果出现问题，进行补救。

3．退路。

退路意味着防御性或次优战略。但这也不是唯一的情况。

新战略也可能是进攻性战略。如果市场在某个方面发生了变化，我们就从这个新市场中盈利。这意味着设计万全之策（必胜战略）。我并不是说这很容易，因为这本来就不容易做到。不过我们可以朝着这个方向思考。

在经济萧条期，如果人们不建新房子，他们花在翻修老房子上的钱就会多一些。所以我们设立一个专门的翻修部门。如果人们不在国内度假，他们就会去国外度假，那我们就从事这项业务。如果人们不买报纸，却喜欢读杂志或看电视，我们就从事这些业务。

↘ 人

显然与纯粹的思考端相比，思考的行动端涉及的"人"的因素更多一些。许多思考者采用抽象的思考方式，就像考虑数学问题一样。在数学问题中人并不重要。在行动中人是重要的。

CoRT 思维训练课程中的 O.P.V.工具将注意力转向情境中涉及的人。红色思考帽让人们表达情感。

大多数行动都涉及许多人。

可接受性

有些人需要接受想法或建议。他们有自己的目的、政治观点和逻辑泡。

"逻辑泡"指的是一套观点、情感和兴趣框架，一个人在这个框架内采取完全符合逻辑的行动［参见《实用性思维》（*Practical Thinking*）］。

有些决策者需要接受想法或建议。你需要与他们本人打交道。只是解释想法有多好往往没有太大意义。你需要将其与他们的担忧和理想联系起来。你可能还需要让他们参与想法，让他们有一种参与感。不用说这涉及"自我"，同时还涉及领地或地盘意识。

布鲁塞尔的一位高管告诉我他曾经努力争取为他所在的部门制作一本计算机"手册"。他的要求总是被拒绝，因为制作"手册"是计算机部门的工作。一天早晨醒来之后，他决定不制作手册了；他将制作一本"指南"。这是没有问题的。

这里需要用到粉红色拖鞋行动模式。人们是什么样，就是什么样。希望他们是其他事物是没有意义的。抱怨很难改变现实。

优秀的销售员学会了如何根据人的本性与之打交道。他们不会回到办公室抱怨有些人太蠢。如果他们真的那么蠢，就很容易把东西卖给他们了！

创新型的人往往强调想法的新颖性。新颖性对创造性自我是有价值的，不过对于需要为想法的使用承担责任的人而言，新颖性只意味着风险更大。更好的做法是淡化新颖性，将所有的重点放在想法的"益处"上。在大多数组织中，"模仿性"想法比全新的想法更容易被人接受。"模仿性"想法指的是你复制他人成功引入的想法。

动力

你需要人来帮助你实施想法甚至为你实施想法。他们为什么会有这样的动力呢？如果他们对现状很满意，他们为什么要尝试新事物呢？

动力十足的人往往很难理解别人为何缺乏动力。大多数人满足于现状和维护。为什么要改变呢？改变意味着干扰和风险。结果是不确定的，而干扰是确定的。

没有人想假定每个人都是"贪婪的"，只是会问："我能从中得到什么？"这在心理层面很普遍。

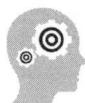

少数人对新想法和变化充满激情。如果没有变化，他们就会感到厌烦。

我们能够将这种对变化的热情传达给他人，但与此同时要减少干扰。

我们很容易说人们应该参与其中并"接受"想法。这种说法在理论上成立，在实际中却不太容易实现。当乐队花车加速时，人们就会跳上去。他们不想落在后面。

所以，寻找那些有动力的人。组建一个不断壮大的动力人群，然后等待花车效应。

障碍

人会成为障碍。拥有权威的人可能阻止想法或无法为想法提供支持。地位较低的人可能给予想法口头上的支持然后让它自行消亡。在所有层面上都可能存在积极或消极的反对。消极的反对实际上更糟糕。积极的反对是可以面对和对抗的。可能需要对工作进行调整。消极的反对往往不易被察觉——不过新想法却无法推行。很难确定原因和问题所在。要想使想法真正发挥作用，可能需要对各个层面的人进行分工。

激励和期望

有些组织会对提出创造性建议的人予以奖励。这是有价值的，因为激励通常是有价值的。不过这也有反作用。那些觉得自己的想法永远不足以获得奖励的人甚至可能都不会尝试。

研究表明最好的激励不是金钱或时间，而是认可。人们希望引起同事、管理层和整个组织的关注。所以对行为进行表彰是强有力的激励措施。

期望与激励有很大的不同。在任何组织中，人们都很善于按照他们眼中的"规则"玩"游戏"。聪明的学生学会了如何取悦老师，如何通过考试，如何在必要时抄袭。他们游刃有余是因为他们善于评估游戏和玩游戏。组织中最优秀的人也是如此。他们学会了"游戏"。什么行为会被奖励？什么行为会被惩罚？什么行为会被忽视？

在组织中这种"游戏"被称为"文化"。有时候这种文化是由领导层建立的。一位强有力的领导能够真正改变文化。有时候文化是多年积累起来的。一位新的领导者可能尝试改变文化，不过只能带来一些表面的变化。

要想"游戏"，需要读懂"文化"。要想读懂"文化"，就要

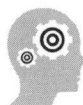

读懂"期望"。期望具有强大的力量。人是由期望驱动的。期望决定了你如何融入周围的世界。在日本，大部分行为是由周围群组的期望决定的。

期望比激励更有效。如果有一个期望是员工应该具有创造力，他们就会抓住一切可能的机会发挥创造力。每个人都会努力达到这个期望。因此绿色思考帽是六项思考帽框架中的一个强有力的部分。当使用绿色思考帽时，参加会议的每个人都被期望发挥创造力。如果你坐在那里一言不发，而周围所有的人都在发挥创造力，你就会被认为能力不足。这与"奖励"创造力有很大的不同。奖励使创造力看起来是"额外的"，你并不需要做到这点。期望意味着这根本不是额外的，你被期望做到这点。

效能

有些人效能高，有些人效能低。效能是非常宝贵的品质。这项品质没有得到足够的重视或关注。就行动而言，效能是最重要的品质。

高效能的人能够有效处理事情。低效能的人需要不断的鼓励和指导。低效能的人总是为自己的不作为找借口。高效能的人几乎注意不到障碍。他们会避开障碍。

就我的经验而言，我遇到过低层次的高效能者，也遇到过高层次的低效能者。这不是智力问题，甚至不是性格问题。这似乎是一套内部期望。如果你打算做某件事，你就会去做。

如果你需要他人帮助你执行 **GO** 阶段的行动，你可能想选择高效能者。

工作组和小组

独自一人工作会有孤独感，尤其是当你所做的事情超出常规时。大多数人喜欢在群组中工作。这样大家就可以一起讨论事情。当遇到困难时，大家可以相互支持。大家可以交流想法。不合群的人更容易被群组忽视。可以让人们加入群组以争取他们对变革的支持。

工作组的另一个优势是它是为实现特定的目标专门设立的。工作组专注于这一目标。工作组成员可能有其他职责和职能，不过"工作组"本身有一个目标。因此与个人相比，工作组对于目标的实现情况有着更明确的意识。

"我们走了多远？"

"我们是否取得了成绩？"

"计划是什么？"

"我们接下来做什么？"

尽管有这些明显优势，工作组也有其弊端。如果某项职能与一个"特别"小组联系起来，其他人就会感觉这已经不关他们的事。让特别小组做这件事吧。这样小组就会被孤立起来。

例如，建立特别的"创意"小组可能让其他人觉得他们就不需要发挥创造力了，或者他们没有创造力，或者创意"职能"已经被分离出去了。

由于这些原因，任何特别小组都必须与其他所有人保持密切联系。

在政治中，当你什么都不想做，却要"做某件事"时，一个常见的策略是设立一个"特别委员会"。这件事情现在已经有人在处理了。可以对任何问题做出解答。的确有事情在"发生"。然后每个人都忘了这件事。最后特别委员会的报告悄无声息地发布了，没有带来任何变化。工作组有时候也是如此。

专家

没有必要为了强调专家的重要性而拿业余脑外科医生开玩笑。

就知识而言，专家是以收集和消化某个特定领域的信息为职业的人。信息包括个人经验和通过他人获得的信息。专家还能够通过提供建议指导你搜索信息。获取专业知识是一个艰难的过程，尽管计算机网络大大便利了信息获取。

所以你向专家求助以获取信息并询问从哪里能够获得信息。

专家还学会了如何提出重要的问题。当你无知时，你提出问题，不过如果你真的无知，你就无法提出正确的问题。

就行动而言，专家对行动进行优化，摒弃了一切不必要的环节。新手在做事时往往比较笨拙。专家做事简单明了。新手从 A 到 B 再到 C。专家直接从 A 到 C。

那判断呢？

判断要难得多。专家的判断基于过去。专家的判断基于当前的状况而不是可能性。专家总是被要求提供权威的意见。专家不能拿自己的声誉冒险。所以专家力求谨慎。对于专家而言，更好的选择是说某件事不能做，而不是说这件事能做并为错误承担责任。专家是过去的守护者，人们也期望他们如此。

当然，专家也不尽相同。有些专家仍保持着开放的心态和好奇心。他们愿意开拓"可能性"，而不是只专注于确定性。这

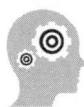

些专家除了专业知识，还拥有额外的智慧。

现在专家系统转移到了计算机上，这使计算机具备了专家需要多年积累的复杂判断系统。计算机达到了专家的程度。不同于神经网络专业知识，计算机网络通过自己的经验积累自己的专业知识（经过训练）。

专家曾经说要将一个火箭发射到月球上去，火箭的重量要达到 100 万吨。专家还曾经计算出整个世界市场对计算机的需求量是八台。专家还曾经宣称电话只不过是电子玩具。这样的故事还有很多。

这样的故事说明专家只是就过去而言，而不是预测未来。许多时候我们的行为的确需要由过去来引导。只有很少的行为需要考虑创造性。一段路程可能有几百公里，而整个路程中涉及改变的可能只有几米。这一改变可能是至关重要的。所以创造性改变是至关重要的。不过我们永远不要忘记有几百公里取决于过去的经验。

和所有整体很好但有局限性的事物一样，我们要把握好平衡。利用事物好的方面，不过也要注意其存在的危险性。火能烧毁建筑物，但我们用火来做饭。刀能割喉，但我们用刀切面包。盐太多会让食物很难吃，但我们用盐来烹饪。所以专家非常有用，不过不要因为一位专家的判断就抛弃一个新想法。同时我们还要记住专家可能是对的。现在还没有人发明出永动机。

↘ 能量

行动需要能量。行动设计可能很好。动力可能也具备了。不过能量从哪里来呢？

和效能一样，能量是无形的，无法测试或测量，所以我们把它忘到了脑后，因为科学系统认为无法测量的东西不重要。

你上了火车，坐下来阅读。火车提供了去往目的地所需的能量。

你开车去往目的地。你现在需要投入"驾驶"和控制的能量。

你骑自行车。你现在需要投入寻路、控制和踩踏板的能量。

你走路去目的地。你自己提供了所有能量。

在行动中，你可以接入一个能够提供你所需的全部能量的系统。如果你购买报纸广告位，"报纸机制"将提供所有的发布能量。这是划算的交易，因为这要比口碑或亲自告诉每个人

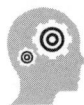

容易。

在行动设计中，我们接入能够提供行动能量的系统。当你无法直接实现目的时，你可能想接入法院的能量以实现目的。你可以雇人为你做事。

放大

你自己只有这么多能量。你如何放大能量？

我在写《策略》（*Tactics*）一书时访问的许多成功企业家都有合作伙伴相助。通常合作伙伴处理财务和管理事务，企业家提供想法和远见。合作关系是一种很常见的放大能量的方式。

在更高的层面上，战略联盟是放大能量的另一种方式。为什么不与在该领域中有巨大能量的其他组织合作呢？

合作是放大能量的另一种方式。日本的食品供应商通过合作建立食品店配送体系，将配送成本降低了80%。如果由每个供应商的货车单独给每家店送货，只能装满货车额定装载量的1/4，而通过合作，可以将货车装满。丹麦的杂志出版商合作建立了配送系统以配送所有相互竞争的杂志。

西方的企业利用竞争促使供应商降低成本。你告诉所有供应商你只与成本最低的供应商合作，于是供应商竞相降低成本。

日本的企业采用不同的做法。他们去找长期合作的供应商，讨论降低成本的必要性，然后派自己的人去帮助供应商降低成本。

许多人认为竞争和合作是相反的，其实并非如此。你经营着一家古玩店。有人在你旁边开了另一家古玩店。你的一些顾客似乎去了那家新开的店。这是竞争。你该怎么做？也许你应该邀请第三方再开一家古玩店。为什么？因为这样这个区域就成了一个"古玩市场"。买家知道那里有几家古玩店。这样就会有更多的买家来到这个区域，所有古玩店的生意都会更好，但同时它们仍然在相互竞争。

谈判通常被视为是对抗性的。双方相互斗争。不过在有些方面双方存在共同利益。如果生产力提高了，售价就会降低，市场将增长。这能够保障企业的未来，并有可能提高工资。

从理论上讲，法庭辩论中的双方都在寻求真相——这是辩论系统的目的所在。实际上，最终将结案。每一方都希望自己取胜。如果一方发现了对对方有利的事实，这一事实就会被隐藏。这种情况可能发生在实行"对立型"法律系统的国家，而不会发生在实行"调查型"法律系统的国家。

因此通过设计将"能量"融入行动计划是思考的 GO 阶段的重要组成部分。能量从哪里来？能量不只是资源，还包括这

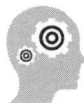

些资源的使用。

↘ 计划

前面已经多次提到整个思考过程的预期输出可能是一项计划。一位城市规划者希望最终得到一项规划城市计划。一位大厨希望最终得到一项餐饮计划。一家旅游公司希望最终得到一项旅游计划。一个集资委员会希望最终得到一项详细计划。在上述所有情况下，"计划"是预期的最终结果。

在其他情况下计划是思考的最终部分。我们如何将这个问题解决方案付诸实施？我们如何进一步发展这个创意？我们如何执行这一设计？在这种情况下，计划是思考的 GO 阶段的一部分。

行动通常看起来简单。我们逐步采取行动。在任何时候我们都应该知道接下来该做什么。

经验告诉我，从许多方面来讲，刻意说出和实施看似轻而易举的事情能够带来很大的不同。在本书的前面我曾经提到以自己的综合判断能力为傲的人在刻意和正式使用黄色和黑色思考帽时得到了更全面的结果。许多创造力强的人曾告诉我当他们刻意地按步使用水平思考技巧时，能够得到最佳创意。

所以，列出行动计划是有意义的。因此投资者总是让创业者列出商业计划。摆在你面前的东西与你头脑中的东西有很大的不同。你不得不面对缺陷。你不得不做决定。你不得不进行评估和预测。

帮助儿童（5~12 岁）培养建设性思考的一种方式是让他们画画。你如何给一头大象称重？你如何训狗？你如何更快速地建房子？绘画迫使儿童面对一项需求并提供解决方案［参见我的书《儿童解决问题》（*Children Solve Problems*）］。

列出计划的步骤和阶段。指明有哪些可用的常规渠道，有哪些不确定性或"如果—盒子"。指明子目标。每个时刻的目标是什么？指明检查点或这些检查点需要考虑的结果。给出替代战略和退路。

人们害怕做计划，因为他们感觉自己会被计划限制。这种担心是没有必要的。计划本身永远不是限制性的。你使用计划的方式可能是限制性的。我们还是回到之前谈到的情况，即主要是好的方面，但存在一些危险。警惕危险，利用好的方面。所以制订一项计划。你可以根据自己的意愿对其进行更改。当

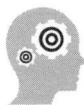

你有充足的理由时，可以偏离计划。如果有必要，你可以放弃原来的计划，制订更好的计划。

↘ GO 阶段总结

思考和行动不是分离的。思考应延续至行动阶段。必须将思考的输出放到现实世界中。只是考虑问题的解决方案是不够的。你还需要考虑如何将这个解决方案付诸行动。

思考的 GO 阶段的目的是接受 SO 阶段的输出，并考虑如何将其付诸实施。GO 阶段是关于实施的。

我们讨论了行动的机制和常规。我们讨论了不确定性和"如果—盒子"。我们讨论了许多人的因素。我们讨论了专家的角色。我们考虑了行动的"能量"。我们讨论了行动计划的意义，即便后续还可能对其进行更改。

的确有时候 GO 阶段比较简短，因为预期的思考结果是信息、了解或决定。

通常的观点是大部分思考不需要行动，我想推翻这个观点，我认为大部分思考都应包括行动——不过可能也有一些例外。

情境编码

有时候我们需要通过一种简单的方式向自己或他人描述一种思考情境或思考需求。

"是这种情境。"

"需要这种思考。"

"你如何描述这种情境？"

"这里我们需要思考什么？"

在本节中我将讲述一种简单的情境编码。这是一种主观编码，并不是正式的情境分类。

你使用这种编码描述你对这种情境的认识。其他人可能持不同意见，然后你们可以看一下你们存在哪些分歧。

你对某种情境进行了编码，不过后续你可能还需要对最初的编码进行修改。

↘ 编码

你将数字 1~9 用于思考的五个阶段中的每个阶段（ TO、LO、PO、SO、GO ）。

"评分" 1~9 表示该阶段需要的思考的数量、难度或重要性。

例如，如果你被要求从一套固定的备选项中做出选择，那么 PO 阶段就不需要太多思考，因为备选项已经给出。所以 PO 阶段得分为 1。而 SO 阶段有许多工作要做，因此该阶段得分为 9。GO 阶段可能也有不少工作要做，得分为 6。TO 阶段不需要太多工作，因为思考目标已经明确，所以 TO 阶段得分为 1。LO 阶段是重要的，因为你需要探索感知并寻找信息，从而做出选择。所以 LO 阶段得分为 8。

现在我们得到的整体编码是 18 / 196。前两位之后的分隔符是为了便于发音：一八 / 一九六。

另一种情境中似乎存在困惑。信息已经具备，但你不知道该做什么。也许情绪因素是高的。现在的重点可能在于 TO

阶段。

"我是否清楚我想要什么？我的思考的真正目标是什么？我最终想得到什么？"

所以 TO 阶段得分为 9。信息基本具备，所以 LO 阶段得分为 4。PO 阶段的确需要一些工作，不过如果 TO 阶段是明确的，PO 阶段就不难。所以 PO 阶段得分也是 4。SO 阶段可能是重要的，尤其是涉及情感时，所以这个阶段得分为 6。GO 阶段可能比较简单，得分为 1。

所以最终编码是：94 / 461（九四 / 四六一）。

在另一种情境中，思考的唯一目标是获得特定的信息。TO 阶段是明确的，所以得分为 1。LO 阶段非常重要，得分为 9。PO 阶段也是重要的，因为我们需要考虑获取信息的可能方式，所以 PO 阶段得分为 8。如果最终有一种获取信息的明确方式，SO 阶段可能是简单的。不过这可能无法确定，可能需要从一些方式中选择，所以 SO 阶段得分为 5。GO 阶段比较简单，得分为 4。

整体编码是：19 / 854（一九 / 八五四）。

另一种情境是直接创意需求。你被要求为一本书拟定书名。思考的目标非常明确，所以 TO 阶段得分为 1。信息阶段是重

要的，因为你需要了解书中的内容、读者对象和销售地点。你还需要知道关于同一主题的其他书的书名。所以 LO 阶段是重要的，得分为 8。显而易见，大部分创造性的工作要在 PO 阶段完成，所以得分为 9。选择阶段将是困难的。我们如何决定使用哪个书名？所以 SO 阶段得分也为 8。GO 阶段是简单的，因为如果你选择了一个书名，你就用这个书名。所以 GO 阶段得分为 1。

所以最终得到的编码是：18 / 981（一八 / 九八一）。

在编码中 9 分只使用一次，即便两个阶段都看似很重要。9 分表示最重要的阶段。其他分数的使用频率不限。

当然，思考的所有阶段都重要，你可能倾向于给每个阶段高分。这是对编码的意义的误解。一个阶段得分低并不意味着这个阶段不重要。而是意味着这个阶段需要的思考工作比其他阶段少。这是相对的。如果你被安排了具体的任务，那么 TO 阶段就是简单的。如果你只是想做出选择，那么 GO 阶段可能是简单的。如果你在掌握所有信息的情况下处理封闭性问题，那么 LO 阶段可能是简单的。如果你需要从固定的备选项中做出选择，那么 PO 阶段可能是简单的。如果你在 PO 阶段明确了一个情境，那么 SO 阶段可能是简单的。

在谈判情境中，目的可能是明确的："我们想最终得到一项双方都能接受的协议。"所以 TO 阶段是简单的，得分为 1。

信息阶段可能需要探索许多信息，还需要探索价值、恐惧、感知等。所以这个阶段是重要的，LO 阶段得分为 8。

PO 阶段是关键的，因为在这个阶段需要"设计"可能的结果。这个阶段需要许多活动。所以 PO 阶段得分为 9。

很难预测 SO 阶段需要多少工作。如果 PO 阶段产生的其中一个设计很好，那么选择结果就不会太难。但如果没有出色的设计，那么选择过程就是困难的，所以 SO 阶段得分为 8。

思考的预期结果是一项可接受的协议。不过协议的实施也需要一些思考，所以 GO 阶段得分为 5。

最终的编码是：18 / 985（一八 / 九八五）。

如果有一个问题需要解决，你可能需要花时间定义和重新定义问题。所以 TO 阶段不是无意识的，得分为 6。如果是长期存在的问题，情况更是如此。

如果是长期存在的问题，信息可能是已知的，所以 LO 阶段得分为 6。

生成工作需要在 PO 阶段进行，所以这个阶段得分为 9。

如果 PO 阶段产生了一个解决方案，SO 阶段可能是简单的。

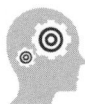

如果没有产生解决方案，SO 阶段也是简单的，因为所有的可能性都已被放弃。所以 SO 阶段得分为 5。

解决方案的实施需要充分思考，所以 GO 阶段得分为 7。

最终的编码是：66 / 957（六六 / 九五七）。

↘ 应该

编码不仅仅是对情况的简单描述，而且表明你认为情况"应该"是什么样的。

当你被要求解决一个问题时，问题的定义可能已经给出。这可能意味着 TO 阶段只得 1 分。不过如果你感觉自己需要花更多时间定义、重新定义甚至分析问题，那么你应该给这个阶段 7 分或 8 分——在有些情况下甚至是 9 分。

这样建议的编码不仅表明情境，而且表明处理情境的"策略"。

如果你真的觉得全面的信息搜索能够解决问题，你可以给 LO 阶段 9 分。

如果你真的觉得创造性工作就能解决问题，你可以给 PO

阶段 9 分。

如果你觉得已经有足够的可能性，需要做出选择，你可以给 SO 阶段 9 分。

如果你觉得行动设计最重要（一个接受困难），那么 GO 阶段得 9 分。

情境 91 / 811 表示思考者认为对思考目标的明确定义最重要。信息是简单和可用的。需要生成可能性。思考者认为令人满意的可能性很容易产生，所以 SO 和 GO 阶段是简单的。

情境 18 / 195 似乎是一种决策情境：可能是行 / 不行情境。目标是明确的。信息是重要的。几乎不需要生成可能性。SO 阶段最重要，行动阶段比较重要。

↘ 总结

在本节中我建议了一种简单的用于描述思维情境的编码。这种编码涉及为思维的每个阶段评分，评分标准为 1~9 分。分数越高，该阶段所需的"思考工作"越多。

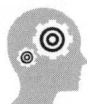

编码表明你对情境的认识。编码表明你的预期思维策略。

你可以使用编码向自己或他人描述一个思考需求。

编码成了思考和讨论整个思维情境的一种方式。

后记

在本书的开头我谈到我想提出一种简单有效的思考方法。不过读者可能感觉本书的有些内容比较复杂，其实并不复杂。

只考虑基本框架。这是你需要使用的。你可以阅读并反复阅读每一节，深入了解每个阶段。将每一节作为参考部分，你可以经常回顾这些内容。

最好的做法是，首先以一种非常简单的方式使用框架，然后再逐步丰富每个阶段。这种做法要比一开始就充分使用每个阶段好得多。

有些思考涉及商业情境，而不是个人思考。只对个人思考感兴趣的读者可以忽略这些内容。不过本书的许多读者需要在商业世界中进行思考，所以本书需要涉及这些内容。

　　读者可以采用选择性的策略。选出你感觉自己能够理解和处理的内容。注意其他内容，不过你并不需要马上运用本书的所有内容。

　　不要读了这本书就将它放起来，然后永远不再翻阅。你需要不断回顾。只有当你真正运用本书时，你才能充分发挥自己的思考潜能。在最初阶段有一些表面的知识就够了，不过要想培养有效的思考技能，你需要更深入的知识。

　　像往常一样，有些读者和大部分评论家想当然地认为，既然这个思考框架的基础是简单的，整个方法也应该是简单的，这是他们一贯的认识。就我的个人经验而言，这种对思考的自满态度一直都是错误的。许多自我感觉良好的思考者只使用了一种方法：分析、判断和鉴别。这只是思考的一个部分，没有涉及思考的整个创造性、生成性和生产性方面。

↘ 思考的五个阶段

　　以下对思考的五个阶段进行了总结。

TO 阶段

"我想去哪里？"

我的思考目标是什么？我最终想得到什么？实际上思考的这个阶段非常重要。我们往往对这个阶段不够重视。我们需要完全明确我们在思考什么，我们想实现什么目标。我们需要定义并重新定义目标。我们需要寻求替代定义。我们可能需要将目标分解为更小的目标。

主要有两种目标或焦点。在传统目标焦点中，我们首先明确要实现什么。可能是解决问题，实现某个目标，执行某项任务或在某个特定的方向做出改进。在区域焦点中，我们只是确定我们在哪个方面寻找新想法。

时刻牢记解决问题和纠正缺陷只是思考的一个方面。除了解决问题，思考还涉及很多其他方面。

LO 阶段

"你看。"

我们能看到什么？我们应寻找什么？在这个阶段我们收集和列出我们的思考所需的信息。信息搜索有时是宏观的，有时是具体的。有钓鱼式问题，我们不知道会出现什么答案。有射

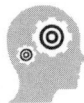

击式问题，答案是"是"或"否"，我们对情况进行核实。

有时候我们需要使用猜测或假设。使用这些猜测，不过要避免被其限制。

感知和价值观是本阶段的一个重要部分。有哪些不同的感知？如何以不同的方式看待事物？涉及哪些价值观？不同的人是否有不同的价值观？不同的人的思考是什么样的？

PO 阶段

"让我们产生一些可能性。"

这是思考的创造性、生产性和生成性阶段。在这个阶段中我们提出"可能性"。这个阶段将我们的思考目标与思考输出联系起来。在其之前和之后分别有两个思考阶段。这个阶段是连接输入和输出的纽带。

在 PO 阶段我们可以采用四种方法。

1. 寻找常规。我们识别情境，从而明确该采取什么行动，并将常规响应式行动用于该情境。这是传统的思考方法。

2. 整体方法。我们通过一个宏观、"整体"的概念将起点和预期结果联系起来。然后我们逐渐具体化，以得到我们能够使用的具体想法。概念扇形图是这一方法的一部分。我们以整体的方式运用逆向思考，以我们的目标为起点，产生我们可以使用的想法。

3. 创造性方法。我们刻意生成想法，然后对想法进行调整以适应我们的需求。有正式的水平思考技巧，如激发和随机输入的使用。"运动"是创造性思考的关键部分。我们从激发移向实用的想法。

4. 设计与组合。我们平行列出需求和要素。然后我们设计前进路线以实现"设计纲要"。我们组合或整合事物以实现目标。

PO 阶段的目标是生成和产生多个可能性。

SO 阶段

"结果是什么？"

SO 阶段的目标是选取 PO 阶段产生的多个可能性，从中选出一个可用的结果。

在发展阶段中，我们构建和改进想法。我们克服缺陷。

在评价和评估阶段，我们检验每个想法。我们列出益处和价值。我们列出困难和问题。

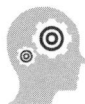

接下来是选择阶段。我们列出所有相互竞争的想法并从中做出选择。我们可以通过多种方式进行这个选择。我们可以使用一个方法减少可能性的数量，然后使用直接比较。

决定过程涉及我们是否做某件事。我们需要考虑决定框架和压力。我们必须考虑决定需求。我们必须考虑风险。

在 SO 阶段的末尾，我们可能拥有一个可用的想法，或者什么都没有。

GO 阶段

"去那里!"

GO 阶段是关于行动的。如何将选中的想法付诸实施？行动设计是什么？

有阶段和子目标。需要监控和检查。

我们使用常规渠道，我们使用如果—盒子评估不确定性。

各种形式的人的因素是行动的关键部分。人需要劝说。想法必须被接受。需要动力。人可能成为阻碍。所有这一切都需要考虑。

行动能量也需要设计。能量从哪里来？

简化总结

进一步简化的总结如下：

TO：我想做什么？

LO：我拥有（需要）什么信息？

PO：我怎么到那里去？

SO：我选择哪个备选项？

GO：我如何将此付诸实施？

↘ 后退和前进

思考的五个阶段不是封闭空间。当你从一个阶段移到下一个阶段时，你仍然可以回到之前的阶段。

例如，当你在 PO 阶段时，你可能发现你需要一些具体的信息。于是你回到 LO 阶段。或者你可能发现你想重新定义情境。于是你回到 TO 阶段。

不要过度重复这一后退和前进过程，否则你就无法享受固定阶段的优势，而是回到混乱的常规思考。在常规思考中，一个想法接着另一个想法，没有任何规则或结构。

↘ 享受你的思考技能

思考不仅用于复杂问题和难题。思考不只适用于难事。

思考简单的事情并获得答案，享受这个过程。这样你将培养思考技能，提升自信并充分享受这项技能。

一件事情容易做并不意味着它不值得做。把容易的事情真正做好总比只做难事却没有任何结果要好。

许多人没有享受到思考的快乐是因为总是有人告诉他们思考很难。情况并非如此。

爱德华·德博诺

《水平思考法》（*Lateral Thinking*）

关于提升创造力的经典著作。

在学校里，我们学会了直面问题：爱德华·德博诺将其称为"垂直思考"（Vertical Thinking）。这种方法在简单的情境中非常有效——不过当这种方法不奏效时，我们就不知所措了。那我们该怎么办呢？

水平思考法旨在释放想象力。通过一系列特殊技能（以小组或个人形式），爱德华·德博诺展示了如何以令人兴奋的全新方式激发思考。

你将很快学会从不同的角度思考问题，提出具有创造性并且有效的解决方案。你将通过自己的努力成为一位卓越高效的思考者。

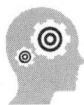

"如果更多的银行家和商人都读一读《水平思考法》，并将爱德华·德博诺的理念运用到他们对风险、薪酬和人类期望的狭隘定义中去，我想我们的状况会好很多。"

——理查德·布兰森

《六项思考帽》（*Six Thinking Hats*）

关于会议和决策的经典著作。

会议是我们生活中的关键环节，不过它们却往往毫无成效，浪费宝贵的时间。在《六项思考帽》中，爱德华·德博诺展示了如何转变会议方式，从而使每次会议都产生快速、明确的结果。

"六项思考帽"方法基于大脑的不同思考模式，是一项非常简单的技能。这个方法利用每个人的智慧、经验和信息，快速得出正确的结论。

这些原则被世界各地的企业和政府机构广泛采用，能够有效避免冲突和混乱，创造和谐，提升效率。

"六项思考帽"策略将从根本上改变你的工作和沟通方式。

"德博诺才华横溢，总是带给我们灵感和启示。他清晰的思考总是让人惊叹不已。"

——理查德·布兰森

德博诺思维训练

从 1991 年开始，德博诺就在美国成立了专门的培训机构，在世界范围内为企业提供专业的思维训练服务。

德博诺中国团队，自 2003 年以来 10 多年时间建立了专业的培训服务团队，为中国企业提供专业化的培训和项目咨询服务，以下是德博诺思维训练课程：六项思考帽、水平思考、创造力、感知的力量、简化等。

六项思考帽　"将无意义的辩论转变为建设性的探讨！"

平行思考方法，聚集团队智慧，开发个人潜能，是有效改善团队沟通和提高工作效能的工具。

水平思考　"如果机会没来敲门，那就创建一扇门！"

水平思考，又称横向思维，是创造性思维的根源，让团队成员突破思维局限，超越竞争，提升领导者及团队的创造力。

感知的力量　"所见即所得。"

10 个指引注意力思考工具，提升领导者及团队的洞察分析能力和决策水准，是卓越思考者、优秀团队值得学习的日常思考工具。

简化　"大道至简。"

充分节约资源并创造性地减少成本和删减多余的环节，提高员工和客户满意度，为企业创造新价值。

全球 50 年耕耘，铸就经典品牌，中国 14 年开拓，打造专业团队……为全球无数企业创造了价值！

了解更多信息，请关注：

www.debonochina.com